U0085143

香港文匯報曾專訪李嘉誠，問到他的商場法則時……

李嘉誠答道：「最簡單地講，人要去求生意是比較難的，但如果生意主動跑來找你，你就容易多了。」

李嘉誠的
成功定律

林郁 主編

前言

在當今華人社會中，說李嘉誠是最有成就的企業家，我相信沒有人會有異議。李嘉誠是世界華人首富，名列「富比士」十大富豪之內，被香港人譽稱為「超人」。

這個貧民出身，從打工仔做起，靠塑膠花起家的潮州人，從一無所有到打造出富可敵國的商業版圖，創下了華人在商界的世界紀錄與典範。

李嘉誠一九七一年將長江實業集團上市之後，因為在他的領導下，業務蒸蒸日上，長江實業集團的股價直線飆升。二十世紀70年代，長江實業的名氣已經漸漸響亮。多年來，長江實業集團的股價，由上市之日起計，不知上升了多少倍。作為投資者，追捧李嘉誠旗下的股票，可以說是最佳的長期投資。

在香港，李嘉誠的名字可以說家家戶戶都知道。在全世界的華人圈，最多人談起的成功企業家，亦是李嘉誠。在報章的財經評論版當中，差不多每天都能看到有關李嘉誠或是他旗下企業的分析和報導。在各大書店當中，你要找一些成功企業家的傳記，有關李嘉誠的傳記，肯定是最暢銷的其中一本。

李嘉誠為何能夠獲得如此成功？如今，包括美國、日本和德國在內的許多國家和地區，更興起一種被稱為「李嘉誠成功模式」的研究，學者們將有關李嘉誠的所有資料，李嘉誠的性格，家庭背景，創業歷程，決策經過等等，逐一做出分析，希望從中找出一種模式，了解李嘉誠是怎樣能夠——在毫無根基，毫無外力可憑藉的情況下，單憑個人的力量，就能夠創建出一個如此驚人的龐大帝國。許多地方甚至組成專門的機構，研究李嘉誠的成功歷程，試圖找出一些系統的方法，作為自己學習之用，使自己也能夠像李嘉誠一樣，事業上有所成就。即使不能夠真的做到李嘉誠那樣的成就，起碼也會對事業有所幫助。

我們說，追求財富，是很多人都擁有的正常願望。要發達致富，我們有什麼方法？雖然說世上沒有「點石成金」的魔法，不可能教你必然發達。但如果我們深入研究一些成功人士，卻不難發現諸多成功人士竟然有著許多共同的致富原則，而且這些原則可以幫助你在通往富翁殿堂的路上少走彎路。

記得曾經讀過一篇題為《兩位富翁遵循的同一個祕訣》的文章，讀後感悟頗深。

有一個名叫渥道夫的年輕人受雇於一家超市，擔任收款員。有一天，他與一位中年婦女發生了爭執。「年輕人，我已將50美金交給您了。」中年婦女說。

「尊敬的女士，」渥道夫說，「我並沒有收到您給我的50美金呀！」

中年婦女有點生氣了。渥道夫趕緊解釋說：「我們超市有自動監視設備，我們一起去看一看現場錄影吧？這樣，誰是誰非就很清楚了。」

中年婦女跟著他去了。錄影表明：當中年婦女把50美金放到一張桌子上時，前面的一位顧客順手牽羊給拿走了。而當時這一情況，中年婦女、渥道夫，還有超市保安人員都沒注意到。

渥道夫說：「我們很同情你的遭遇。按照法律規定，錢交到收款員手上時，我們才承擔責任。現在，請你付款吧。」

中年婦女說話的聲音有點顫抖：「你們的管理實在有所欠缺，讓我受到了屈辱，我不會再到你這個讓我倒楣的超市來買任何東西了。」說完，她氣沖沖地走了。

雖然渥道夫一點錯也沒有，但是超市總經理吉拉德在得知了此事後，還是當即做出了辭退渥道夫的決定。一些部門經理，還有超市員工都來為渥道夫說情和鳴不平，但吉拉德的態度很堅決。

渥道夫覺得很委屈。吉拉德找他談話：「我知道你心裡很不好受。因為我要辭退你，一些人還說我不近人情。」

吉拉德走過去，和渥道夫坐在一起。他說：「我想請你回答幾個問題。那位婦女做出此舉是故意的嗎？她是不是個無賴？」

渥道夫說：「不是。」

吉拉德說：「她被我們超市人員當作一個無賴請到保安監視室裡看錄影，是不是讓她的自尊心受到了傷害？還有，她內心不快，會不會向她的家人、親朋訴說？她的親人、好友聽到她的訴說後，會不會對我們超市也產生反感心理？」

面對一系列提問，渥道夫都一一說「是」。

吉拉德接著又說：「那位中年婦女會不會再來我們超市購買商品？像我們這樣的超市在我們這座城市有很多，凡是知道那位中年婦女遭遇的她的親人，會不會來我們超市購買商品？」

渥道夫說：「不會。」

「問題就在這裡，」吉拉德遞給渥道夫一個計算機，然後說，「據專家測算，每位顧客的身後大約有250名親朋好友，而這些人又有同樣多的各種關係。商家得罪一名顧客，將會失去幾十名、數百名甚至更多的潛在顧客，而善待每一位顧客，則會產生同樣大的正面效應。假設一個人每週到商店裡購買20美元的商品，那麼，氣走一個顧客，這個商店在一年之中會有多少損失呢？」

幾分鐘後，渥道夫就計算出了答案，他說：「這個商店會失去幾萬甚至上百萬美元的生意。」

吉拉德說：「這可不是個小數字。雖然只是理論測算，與實際運作有點出入，但任何一個高明的商家都不能不考慮這一問題。那位中年婦女被我們氣走了，至今我們還不知道她姓甚名誰、家住哪裡，因此無法向她賠禮道歉，挽回這一損失。為了教育超市營業人員善待每一位顧客，所以做出了辭退你的決定。請你不要以為我的這一決定是在上綱上線、亂扯罪名。」

渥道夫說：「我不會這麼認為，您的這一決定是對的。通過與您的一番談話，使我明白了您為什麼要辭退我，我會擁護您的決定。可是我還有一個疑問，就是遇到這樣的事件，我應該怎麼去處理？」

吉拉德說：「很簡單，你只要改變一下說話方式就可。你可以這樣說：『尊敬的女士，我忘了把您交給我的錢放到哪裡去了，我們一起去看一下錄影好嗎？』你把『過錯』攬到你的身上，就不會傷害她的自尊心。在清楚事實真相後，你還應該安慰她、幫助她。要知道，我們是依賴顧客生存的商店，不是明辨是非的法庭呀！怎樣與顧客打交道，是我們的重要課題！」

渥道夫說：「與您一席談，勝讀十年書。謝謝您對我的教益。」

吉拉德說：「你是個工作勤懇、悟性很強的員工。若干年後，你會明白我的這一決定不只對超市有好處，而且對你也有益處。按照我們超市的規定，辭退一名員工是要多付半年工資作為補償的。如果半年後，你還沒有找到合適的工作，那麼你再來我們超市。我們是歡迎你來的。」

渥道夫，這個20多歲的青年，無限感慨地離開吉拉德和他領導的這家超市。以後，他沒有再回到這家超市，而是自己籌集了一些資金，幹起了旅館事業。10年時間過去了，吉拉德、渥道夫都已擁有了上億美元的個人資產。

一次聚會上，渥道夫和吉拉德不期而遇。他緊握著吉拉德的雙手說：「感謝您傳授給我一個寶貴的經營訣竅，它使得我取得今天的成績。」

吉拉德說：「你說這，讓我感到迷惑了。我好像沒有向你傳授什麼訣竅呀？」

渥道夫說：「10年前那次長談，您已經間接說出了您的經營要訣，就是讓每一個顧客滿意地離開商家。」

吉拉德說：「你真是一位相當聰明的傢伙，要知道這可是我的經營祕訣——祕不外傳呀！」

隨即，兩人哈哈大笑起來。這天，他們談得很開心。因為他們都是依靠同一祕訣，幹出了如今輝煌的業績。

從這個真實的小故事人們不難看出，成功人士的成功之道儘管表面上看各有不同，卻都有著需要共同遵守但卻祕而不宣的成功祕訣——懂得對方的需求。

本書的最大特點，就是以李嘉誠成功之道為主線，通過對洛克菲勒、艾柯卡、松下幸之助、霍英東等數十位在各行各業創造了輝煌業績成功人士的深入分析，使讀者在全方位解讀李嘉誠的同時，通過與眾多成功大師的「零距離」接觸，能夠找出自己步入成功的最佳切入點，並像渥道夫那樣領悟到最適合自己創業成功的祕訣！

不可否認，在今天這樣一個創業的時代，很多人都有創業的欲望，夢想成為一位成功的企業家。怎樣使夢想成真？除了自身的努力之外，向李嘉誠這樣的成功大師學習如何去理解別人，滿足別人。如此你就會邁上成功之路了。

前言／007

第1章 英雄都是從零開始的／019

第2章 做人比做生意更重要／081

第3章 永遠要有積極的心態／149

第4章 眼光要看遠，格局要放大／199

第 I 章

英雄都是從零開始的

我沒有忘記那段在逆境中刻苦奮鬥，
掙扎求存的日子，因為從拼命奮鬥中，
我領略到很多做人和做生意的道理。
……先父去世時，我不到十五歲，面對殘酷的現實，
我不得不去工作，忍痛終止學業。那時我太想讀書了，
可家裡是那樣的窮，我只能買舊書自學。我的小智慧是環境逼出來的，
我花一點點錢，就可買來半新的舊教材，學完了又賣給舊書店，
再買新的舊教材。就這樣，我既學到知識，又省下了錢，一舉兩得。

——李嘉誠如是說

一九四三年，李嘉誠的父親李雲經病逝時，李嘉誠剛剛過了14歲的生日。在這個年齡，許多人還很不懂事，甚至事事都要依賴父母的照顧，而李嘉誠稚嫩的雙肩卻要挑起照顧母親、撫養弟妹的重擔，他被迫退出學堂，開始在茫茫人海中掙扎、苦鬥。開始他是靠打短工維持一家生計，後來，通過朋友介紹到一家小塑膠玩具廠當推銷員。李嘉誠時時不忘父親的臨終教誨：「好漢不怕出身苦」，始終以積極的心態對待人生，終於取得了令世人矚目的成功。

1．苦難是英雄的必備條件

中國有句古話：「窮人家的孩子早當家。」

那些從社會的最下層靠著自己的雙手一步一步登攀上財富巔峰的商業巨人們，曾飽嘗孩提時代家庭生活的貧窮，甚至失去親人的淒苦。為了生計，他們不得不放棄本該擁有的讀書機會和活潑爛漫，早早地擔起了養家糊口的重任。然而，在這樣的貧困折磨中，他們沒有失去自己的希望，勇敢地面對著一切，等待著機會。

為了自己和家人的生活，他們有極強的成功欲望，有等待機會的耐心，一旦找到了出發點，便不會有絲毫的猶豫和退縮，勇猛向前。

他們珍惜每一次經歷後的收穫，不管是成功還是失敗。他們相信自己的努力一定會得到回報。他們比同齡的家庭富裕的年輕人成熟得多，堅強得多，勤奮得多。也恰恰是這一時期的歷練培養出他們不同尋常的自信心，敏銳的觀察力，堅強的毅力，寬廣的胸懷，大無畏的冒險和百折不撓的拼搏精神。正是擁有了這些性格，他們不但開創了自己的基業，而且能不斷擴大它，鞏固它。

至於其他同樣出身的無數的窮苦子弟，命運卻依然如故。他們要麼非常自卑，無法勇敢面對自己的出身，不敢擺脫當前的環境；要麼認命，不相信自己能逃脫上蒼給自己的安排；要麼就是愛忘本，非常脆弱，一旦創出一點業績，便開始追求享樂，似乎想把過去沒享過的福一口氣全補回來，不思進取。此時若遇上挫折、困難打擊，就一蹶不振。究其根源，與那些和他們相同出身甚至還不如他們的成功偉人相比，他們性格中缺少幾種關鍵成分——積極的心態、信心和遠大的抱負。

吃苦耐勞是他們一出生就必須具備的品格，是他們生存的底氣；而不能積極面對自己天定的出身和生存環境，不能在人生的關鍵時期——乘機建立積極的心態，去超越眼前的一切，敞開胸懷，把眼光放得高遠，勇於走出各種局限等等，則是他們的致命弱點。

這也許是出身相似而人生歸宿截然不同的重要根源所在。下面讓我們來看一個這方面的典範李嘉誠和霍英東吧。

李嘉誠，一九二八年7月29日出生於廣東潮安縣府城（現潮州市湘橋區）北門街面線巷一座古宅的書香世家，父親李雲經是當地一位德高望重的教師，曾任校長。

一九四〇年，李嘉誠12歲那年，父親因躲避日本侵略中國時的戰亂，攜妻兒來香港逃難，投奔李嘉誠在香港的舅舅莊靜庵。

到達香港後，滿腹經綸的飽學之士李雲經立即面對現實，攜長子李嘉誠果斷地走出象牙塔。他要求李嘉誠首先「學做香港人」。當時香港的大眾語言是廣東話，即粵語，潮州話屬閩南方言，彼此互不相通。另外，香港的官方語言是英語，李雲經要求李嘉誠必須儘快攻克這兩種語言。一來立足香港社會，二來可以直接從事國際交流。將來假若出人頭地，還可以身登龍門，躋身香港上流社會。

李嘉誠遵秉父旨，勤學苦練。即使後來因父親早逝，李嘉誠輟學到茶樓、到鐘錶公司當學徒，每天10多個小時的辛苦勞作之後，他也從不間斷堅持業餘學習廣東話和英語。功夫不負有心人。幾年後，李嘉誠熟練地掌握了這兩門語言。為了後來的成功奠定了堅實的基礎。

李嘉誠一家到香港不久，香港也被日本佔領了，生活艱苦可想而知。更不幸的是，李嘉誠14歲那年，他的父親因病去世。李雲經在病重彌留之時，哽咽著對李嘉誠說：「阿誠，這個家從此靠你了，你要把它維持下去啊！阿誠，阿……阿誠，阿爸對不起你……」話沒說完便與世長辭。

父親沒有給李嘉誠留下一文錢，相反地，卻給李嘉誠留下一副家庭的重擔。當時李嘉誠才剛剛過了14歲的生日，一般人在這個年齡，可能還很不懂事，甚至事事都要依賴父母的照顧，而李嘉誠稚嫩的雙肩卻要挑起照顧母親、撫養弟妹的重擔。

懷著對父親的承諾和對家庭的責任，身為長子的李嘉誠謝絕了舅父繼續供他讀書的好意，毅然決然地輟學求職。他要掙錢，要掙好多好多的錢。此時，這個14歲的少年只

父親沒有給李嘉誠留下一文錢，相反地，卻給李嘉誠留下一副家庭的重擔。

有一個信念，就是要養活母親和弟妹，他必須掙錢。殘酷的生計，迫使李嘉誠別無選擇地走上從商之路，並開始在茫茫人海中掙扎、苦鬥。

最初，李嘉誠的理想是當一個教育家，而不是商人，如果不是迫於無奈，他是不會去從商的。李嘉誠後來回憶說，就是立業之初，他的理想還依然是「賺一大筆錢，然後再去搞教育。」

由此可見，李嘉誠從商實在是身不由己，逼上梁山。這也許就是時世造英雄。別無選擇使李嘉誠義無反顧，商海搏擊之後，終於成為香港首富、世界華人首富。我們在這裡可以看到人生遭遇的反作用力是多麼巨大，因此可以得到啟迪：我們應該正視並且利用人生的挫折，甚至應該自加壓力，發揮出自身的巨大潛能。

無獨有偶，香港另一位大富豪霍英東的成功，也再次驗證了「苦難是英雄的必備條件」這一鐵律。

一九二二年秋天，霍英東出生在舢板上。這種舢板生活從霍英東的祖父時就開始了。自從全家離開了祖籍地廣東省番禺縣，就長年居住在這樣的舢板上。像他們這樣生活的人被人稱為「舢板客」，甚至貶稱為「水流柴」或「蛋家仔」，意思是這樣的人無家無業，像水上漂浮的柴片和蛋殼一樣到處漂流，隨時都有葬身水底的可能。

霍英東的父母靠著一隻小駁船，在香港做駁運生意，也就是從無法靠岸的大貨輪上，將貨卸上自己的駁船，再運到岸邊碼頭。出的是牛馬力，掙的是血汗錢，一家人艱難度日。霍英東7歲時，因為一場颱風，他的父親翻船被淹死了。一家人悲痛欲絕。僅僅過了五十多天，霍家的小船又一次翻在大海裡，兩個哥哥葬身魚腹，連屍體都沒有找回來。母親死命抱住一塊船板，幸運地被過路的漁船救下一條命。當時霍英東正巧在海邊找野蠔，不在船上，才躲過了這場災難。

一連串的不幸在霍英東的心裡打下了深深的烙印，加上更加貧苦的生活，他比同齡的孩子成熟了很多，希望找份工作能分擔母親的壓力。

母親因為自己不識字，吃了太多沒文化的虧，所以寧可自己多吃苦受累，也不讓霍英東當童工，而堅持讓他去讀書。

他讀到中學二年級時，日本侵略軍打到了廣東。家裡再也交不起學費，霍英東也不願連累家裡，他懇求母親說：「我已經是18歲的男子漢了，讓我幹活吧！我要讓你們過

上好日子！」

霍英東先是在一艘舊式的渡輪上當加煤工。可是他的身體實在太單薄了，顧得上鏟煤就顧不上開爐門，剛上崗就被炒了魷魚。不久，日本佔領軍擴建啟德機場，需要大量勞工，但工資非常低，每天只給半磅配給米和七角五分錢。而霍英東從他家所在的灣仔乘車到機場，路費就得要八角錢！霍英東為了省下這八角錢，只好多吃苦多跑路。

他每天天不亮就起床，步行趕到碼頭，花一角錢過海，然後騎自行車趕到機場上班。勞工們幹的都是苦力活，抬土挖石，體力消耗大，但食物卻很少，一天只能吃到一碗粥和一塊米糕。霍英東總是感到又累又餓。有一天，工頭讓他去搬重達50加侖的煤油桶，結果被砸斷了一根手指！

早年的艱難困苦，並沒有打垮霍英東，他反而在不斷的磨鍊中，取得了經驗，積蓄著力量。他堅信自己總有崛起的一天。

二戰結束後，霍英東終於敏銳地捕捉到了一個發財的機會。日本侵略軍投降後，留下了很多機器設備，價錢很便宜，稍加修理就可以用，也能賣出較好的價格。霍英東很想做這種生意，於是他成了個讀報迷，專門注意報紙上拍賣舊貨的消息，及時趕到現場，以內行的目光挑選出那些有價值的，大批買進，迅速修好後賣出。由於缺少資金，他難以放手大幹。有一次，他看準一批機器，並且在競買中以1.8萬港幣中標。他興沖沖地回家請母親湊錢交款，可是由於他經常冒險，母親不肯給他錢。霍英東心急如焚地看著這筆大買賣就要落空。幸虧有一個工廠老闆也看中了這批貨，願意出4萬港元從他手中買下，霍英東淨賺了2.2萬港元。這是他在那幾年中賺到的最大一筆錢了。它為霍英東累積了最初的資本。

從此，從經營房地產開發到淘沙，幾十年下來，他的事業蒸蒸日上，被人稱為香港的「土地爺」和「淘沙大王」的億萬富翁。

人們無法選擇自己的出生，但卻可以改變自己出生後的生命軌跡。

對於家境高貴或家境富裕的子弟來說，有得天獨厚的優越，可以享受完整的教育，有厚實的家庭經濟後盾，有各種可供選擇的成功機會。但是，似乎老天是非常公平的：在一個崇尚民主和平等的社會，他們雖然幾乎都可以過上輕鬆優裕的生活，然而達到大紅大紫的卻也是鳳毛麟角。

探其究竟，與出身低賤者相對照，平庸者的理由可能大不相同，但在歷史上能發光發亮者，大多數有著非常相似的品格：有非常積極的人生態度，從小樹立了遠大的抱負，頑強的成功信念，慷慨、寬闊的心胸，不畏艱難困苦的奮鬥精神。

由此可見，偉大的成就是不論出身的高低貴賤的。

2. 力戒浮躁情緒，一步一個腳印地來做

凡是成大事者，都力戒「浮躁」兩字，希望通過自己踏踏實實的行動換來成功的人生局面。同樣，任何一位試圖成大事的人都要扼止住浮躁的心態，專心做事，才能達到自己的目標。那些焦慮和煩躁不安的人，多半不能適應現實的世界，而跟周圍的環境脫離了所有的關係，退縮到自己的夢想世界，以此來解脫自己心中的憂慮。所以，成大事者首先需要克服的就是自己的浮躁情緒。

李嘉誠認為，事情往往就是這樣，你越著急，你就越不會成功。因為著急會使你失去清醒的頭腦，結果在你的奮鬥過程中，浮躁佔據著你的思維，使你不能正確地制訂方

針與策略，以穩健的步伐前進。

當目標確定，你就不能性急，而要一步一個腳印地來做，即所謂「性急吃不得熱粥。」當你控制了浮躁，你才會吃得起成功路上的苦，才會有耐心與毅力一步一個腳印地向前邁進，才不會因為各種各樣的誘惑而迷失方向，才會制定一個接一個的小目標，然後一個接一個地達到它，最後走向大目標。在這方面，李嘉誠可謂是極其穩健、不浮躁的典範。

李嘉誠打了一段時間的短工之後，通過朋友介紹到一家小塑膠玩具廠當推銷員。李嘉誠時時不忘父親的臨終教誨：「好漢不怕出身苦」，始終以積極的心態對待人生。由於他的出色表現，很快就當上了工廠的業務經理，視野比以前開闊多了，與人的交往相對也增多了。在他當業務經理期間，工廠的產品十分暢銷，致使不少推銷員經常向他討教。經他的指點、幫助後，一般都能較好地完成任務。

然而，正當別人認為他可以青雲直上、大展宏圖的時候，他卻毅然地辭職了。李嘉誠辭職的原因歸結起來主要有兩點：一、是戰爭創傷的醫治需要實業家的發展，二、是塑膠行業大有可為。

辭職後，李嘉誠自己開設了一家小塑膠廠，想起亡父曾教他背誦荀子《勸學篇》，當中提到的「不積小流，無以成江海」這句話，意思是為學要成功，就要循序漸進。他覺得很有道理，就把工廠取名為「長江塑膠廠」。李嘉誠期望自己的事業也像長江一樣，由小至大，由弱到強，並希望借這個響亮又富有氣勢的名字，令其日後的業務能得到完滿的發展。

二十世紀50年代中期，李嘉誠的機遇終於來了。為此，他急於擴大生產，便向朋友告貸，周轉資金。同樣，他也遇到所有不成熟企業家碰上的普遍問題：產品出現積壓，資金周轉不靈。由於他沒有富親，一般朋友的錢也不能長期佔用。因此，李嘉誠一度面臨破產的境地。

但李嘉誠並沒有被困境嚇倒，經過冷靜的分析後，他果斷地收縮生產規模，把得力的人派去推銷產品。這時，李嘉誠已經注意到，物色優秀的推銷代理商是非常重要的，他背著自己的產品跑遍了港島，拜訪了500個代理商。這次出訪收穫很大，因為產品好，得到了幾個經銷商的支持，支付他給一些定金，使他很快度過了危機。

但是好景不長，他的長江廠又遇到了新的問題：這次小小的成功，使得年輕且經驗不足的李嘉誠忽略了商戰中變幻莫測的特點，他開始過於自信了，心態出現了浮躁情緒。幾次成功以後，他就急切地去擴大他那原本資金不足、設備簡陋的塑膠企業。

於是，他的資金開始周轉不靈，塑膠產品的品質開始下降，迫在眉睫的交貨期使重視品質的李嘉誠，也無暇顧及愈來愈嚴重的品質問題。於是，倉庫堆滿了因品質問題和交貨的延誤而積壓的產品，工廠的虧損愈來愈嚴重。塑膠原料商開始上門催繳原料費，客戶也紛紛上門尋找一切藉口要求索賠。

這種代價，幾乎將李嘉誠置於破產的境地。

但難能可貴的是，李嘉誠並未就此而灰心喪氣，而是勇敢地面對他所遭遇的失敗，堅定地樹立起他一定會戰勝失敗的信心。

李嘉誠發現，種類繁多的塑膠產品中，自己的工廠所生產的塑膠玩具和小產品在國際市場及香港市場上已經趨於飽和狀態。這就意味著他必須重新選擇一種能在國際市場、國內市場中均具有強大競爭力的產品，以實現其塑膠廠的「轉軌。」

但是，當年輕的李嘉誠想要自立門戶加入當時正在走俏的塑膠花的市場競爭中去時，他卻無法解決他所遇到的技術上的難題。他想到了親自去向國外的先進企業學習新

他的資金開始周轉不靈，塑膠產品的品質開始下降，迫在眉睫的交貨期使重視品質的李嘉誠，也無暇顧及愈來愈嚴重的品質問題。

產品技術的辦法。

一九五七年夏天，李嘉誠登上飛赴義大利的班機，去實地考察和學習那裡塑膠花製造的先進生產工藝。風塵僕僕的李嘉誠來到該公司的門口，他卻驟然止步了。李嘉誠比誰都更清楚地知道，當一種新產品投入市場的時候，廠家對該產品的技術是絕對保密與戒備的，不會輕易向來訪者提供。

情急之下，李嘉誠想到一個絕妙的辦法。

由於這家公司的塑膠廠人手不夠，急需招聘工人，他連忙跑去報了名，被派往車間做打雜的工人。在車間裡，李嘉誠負責清除廢品廢料，因此，他可以每日推著小車在廠區各個工區來回走動，雙眼卻緊緊盯著整個工藝流程。收工後，他急忙趕回旅店，把觀察到的一切都記錄在筆記本上。

這樣，在不長的時間裡，李嘉誠熟悉了整個生產流程。但是，屬於保密的配色技術環節還是不得而知。於是，李嘉誠又心生一計。

在一個假日裡，李嘉誠邀請數位新結識的朋友到城裡的中國餐館去吃飯，這些朋友都是某一工序的技術工人。席間，李嘉誠誠懇地向他們請教有關技術的問題，假稱他打算到其他工廠去應聘技術工人。

就這樣，李嘉誠通過眼觀六路，耳聽八方，終於慢慢悟出了塑膠花製作配色的技術要領。

當李嘉誠從國外考察回來的前夕，他跑了好多家花店，了解銷售情況。最終，發現塑膠繡球最暢銷，立即買下好些繡球花作為樣品，帶回香港。

明察秋毫的李嘉誠知道，塑膠花的工藝並不複雜，因此，長江廠的塑膠花一旦上市，其他塑膠廠勢必會在極短時間內跟著模仿。所以，李嘉誠在經營策略上提出「人無我有，獨家推出」的方針，在極短的第一時間內，以適中的價位迅速搶佔香港的所有塑膠花市場。

一時間，長江塑膠廠也由原先沒沒無聞的小廠一下子成了蜚聲香港塑膠業的知名企業。僅一九五八年一年，長江公司的營業額就達一千多萬港元，純利一百多萬港元。塑膠花使長江實業迅速崛起。李嘉誠也成為世界「塑膠花大王。」

對於渴望成功的人，應該記住：著急可以，切不可以浮躁。成功之路，艱辛漫長而

又曲折，只有穩步前進才能堅持到最後，贏得成功；如果一開始就浮躁，那麼，你最多只能走到一半的路程，然後就會累倒在地。

在這裡，浮躁與穩健對於一個人成功的影響，一目瞭然。那麼怎樣克服浮燥情緒呢？我們可以從以下幾個方面入手：

1．不可好高騖遠——好高騖遠者往往總盯著很多很遠的目標，大事做不來，小事又不做，最終空懷奇想，落空而歸。一個人能力有大小，要根據能力大小去做事，去確定目標，去確立志向。如果客觀條件上不允許，那麼，自己就該實事求是，確定出適合自己發展的目標。否則一味追求高遠，不考慮可行性，就永遠也不可能成功。

好高騖遠者並非定是庸才，他們中有許多人自身有著不錯的條件，若能結合自己的實際，制訂切實可行的行動方針，是會有光明前途的。如果一味追求過高過遠的目標，喪失了眼前可以成功的機會，就會成為高遠目標的犧牲品。

2．拒絕誘惑——日常生活中會有種種的誘惑。你會發現有一些人並不好好地工作，他們把大多數時間花費在怎樣討好上司，怎樣拉關係以及下功夫走後門，他們居然混得不錯。你會發現有的人用特殊的手段謀得一個職位或者致富。你會發現有的人使一個國有企業破產，而自己卻成了有錢有勢的人。你會看到這些人根本不把我們所珍重的價值觀放在眼裡，而他們居然很得勢。

在任何時代裡，總會有一些人雖破壞規則卻能暫時得勢，但是不要羨慕他們。因為規則的失去總是暫時的，規則總是要回到人群之中的。那些我們世代相傳的價值觀念，諸如勤奮、誠實、敬業、靠本事吃飯等等，是我們永遠的立身法則。

我們相信更多的成功者是靠本事吃飯的人！

3．消除貪欲——積極向上的欲望可以催人不停地奮進，一步步走向更大的成功，而通過非法的、不正當的手段所實現的享樂的欲望，則推動人生走向墮落、邪惡，甚至成為罪犯，喪失生命。

縱觀那些曾經成功而後又墮落犯罪的人的人生歷程可以看出，正是奮鬥過程中欲望的質變使他們走向了人生的絕路。就大多數人而言，他們最初的欲望都是正當的、積極向上的，正是這種欲望促使他們一步步走向成功。然而，當他們功成名就之後，由於自身條件、環境的變化，他們就要享盡人間富貴，滿足自己對物欲的最大需求。

貪欲是萬惡之源，貪欲的目標主要是金錢，終極目的是包括色欲在內的肆意享樂，

在任何時代裡，總會有一些人雖破壞規則卻能暫時得勢，但是不要羨慕他們。

而最終結果是躍入罪惡的深淵。

由此可見，人的欲望一半是天使，一半是魔鬼，天使與魔鬼背對背，一轉身就可能是截然不同的兩種結局。欲望變化多端，令人難以自持，所以我們說，即使是正當的欲望，有時候也要加以節制。

4．不必心煩意亂——「煩」，本不是什麼新的情緒。煩惱對每個人而言，早已是司空見慣的平常事。「煩」的最大特點在於其躁動不安。這是一種心比天高的追求、躍躍欲試的衝動欲望、得不到滿足的苦悶交織在一起，從而導致的亢奮、緊張、急躁的焦慮。這種情緒是充滿機會又充滿挑戰的變革時代的必然產物。

現實生活中充滿了各種機會，個人發展有了相當的自由，這一切刺激起人們的成就欲望和積極性，很多人都希望自己有一番大作為。但是，機會與自由並不意味著成功，每一個機會，事實上都是一種挑戰。同時，選擇一種機會必須以放棄另外一些機會為代價。雖然社會為了個體發展提供了多種多樣的可能性，但具體到每一個人的身上，其發展的可能性是很有限的，這就需要我們正確地理解、選擇和把握機會。

但是，不少人並不理解機會的全部真實含義，他們什麼都想要，卻對什麼都不做踏實的準備，表現出強烈的投機心理。

無論做什麼事，心煩意亂之下是難有作為的。為了不煩，我們還得耐煩一些，靜下心來，正確地認識自己，冷靜地把握機會，以長遠的眼光選擇適合自己的目標和道路。只有如此，我們才能踏踏實實地做好每一件事，成就自己的事業。

3．把磨難看成是上天的考驗

當事業一帆風順的時候，你一定滿面春風，可是當一時難以克服的困難擺在你的面前，或者當巨大的失敗或不幸突然擊中你時，你會怎樣呢？

古人講：「從來好事天生儉，自古瓜兒苦後甜。」李嘉誠則說：「人生自有其沉浮，每個人都應學會忍受生活中屬於自己的一份悲傷，只有這樣，你才體會到什麼叫做成功，什麼叫做真正的幸福。」

問問身邊人們的工作歷程，你會發現很少有人一點困難或挫折都不曾遇到，這也就是人們彼此分別或祝福時為什麼要衷心地說一句：「祝你事事如意！」

人的欲望一半是天使，一半是魔鬼，天使與魔鬼背對背，一轉身就可能是截然不同的兩種結局。

問題是：嚮往輝煌的人生是我們每個人在年輕時幾乎都有的夢想，也是我們每個人機會均等的權利，但為什麼有些人不怕艱難曲折，在自己的生命軌跡上播撒下了一串串的光輝，而更多的人一遇到困難或挫折就放棄，留下的是失敗的回憶。關鍵原因之一是看在艱難挫折面前人們的心態如何。

如果你以「天將降大任於斯人也」的豪氣面對一切艱難困苦，相信是上蒼正在考驗你對生命的忠誠，相信成功是你的權利的話，你的信心就會成就你所制定的明確目標。但是如果你接受了消極心態，並且滿腦子想的都是恐懼和挫折的話，那麼你所得到的也都只是恐懼和失敗而已。

這就是心態的力量，我們為什麼不選擇積極心態呢？

喬治・帕博多，十八世紀的著名銀行家，現代慈善事業的創始人，一七九五年2月18日出生於美國麻塞諸塞州的丹佛，因為家境貧窮，只接受過4年正規教育，此後便外出闖蕩。經歷幾番坎坷，他的事業逐漸興盛。一八三七年他進駐倫敦，憑藉他的經營天才，成為歐洲首屈一指的富翁。此後，他向各種慈善事業慷慨解囊，先後在英美兩地建立了多個慈善機構，在兩國享有盛譽。

功成名就的喬治・帕博多，晚年平靜地回顧自己一生的旅程時，才突然想明白了命運之神的良苦用心，才意識到：年輕時的那場焚毀了他和他的哥哥當時的快樂和希望的大火，原來是上帝的有意安排，是上帝借這樣一次不幸，要引他走出原來狹隘生活的藩籬，阻斷他的退路，逼迫他往前走，要他成為一個更偉大的人。有時候，降臨在身上的不幸，不過是帶著面具的賜福。沒有這種不幸，他或許終其一生都會在他們兄弟倆的小布店度過，名聲即使再大，也只能限於小鎮之內；而突如其來的不幸打斷了他平凡的生活，推動著他進入了一個更廣闊、更光明的事業空間。

像天下千千萬萬的貧苦人家的孩子一樣，喬治11歲的時候就放棄了學業，離開了家庭，到城裡的一家雜貨店做工。他在家裡的時候就是一個乖順、聽話、勤快的孩子，到了店裡，也還是一樣。他人很聰明，反應很快，做事大方坦率，待人殷勤周到。這些品質都有助於他這樣一個剛到新環境裡幹活的小男孩贏得老闆的信任和客戶的尊重。果然，他很快就贏得了方方面面的認可和讚揚。

喬治是一個熱愛知識、喜歡讀書的核子，放棄學業不是他真正的願望，只是家境所

迫，才不得不為之。對於命運他沒有任何怨言，而是積極地去適應。既然不能上學，他就只能利用業餘時間繼續看他愛看的書。他的老闆家裡有一些藏書，左鄰右舍知道這個孩子愛看書，也都肯把自己的書借給他看。但喬治是個很懂事理的人，知道自己的職責所在。所以，從不讓讀書或者別的娛樂活動侵佔正常的工作時間。他清楚地意識到，自己首先是要為老闆幹活。既然想明白了這個道理，他工作特別認真，工作起來就好像那個店是他自己開的一樣。只要空閒的時候，他會盡可能地擠出時間來閱讀各類書籍，接受智力的訓練。

當他四年後離開這家小店的時候，他的父母已經離開了人世，他已經成了一個沒有父母的孩子，也沒有一分錢。環境迫使他不得不繼續找工作維持生計。於是，他就到了佛蒙特州的泰特弗德鎮，在他的外祖父經營的一個農場裡幹活。在這裡，他仍然和在丹佛的時候一樣，待人坦誠，做事十分利落，勤於學習，喜歡思考。外祖父意識到，這個孩子將來很可能會有大的出息。

一年後，因為喬治的哥哥在麻塞諸塞州的紐伯里港開了一家布店，很需要個夥計，就一再勸說他到那裡去幫他。喬治自己也喜歡這份新工作，因為與農場單調乏味的工作相比，他還是更喜歡商業性的工作。因而他就放棄了農場的活，躊躇滿志地來到了紐伯里港。他把新的工作看做未來生涯的一個起點，喬治非常投入，每天都起早摸黑，把一切做得周到細緻，無可挑剔。他的哥哥沒想到喬治這麼能幹，在喬治那樣的年紀，很少有誰能像他那樣的，而且他對生意、對社會的了解、把握也遠遠超過了同齡人。哥哥心裡既是喜歡，又是欽佩，慶幸自己找來了一個好幫手。現在，喬治已經是店裡的一個招牌了，老闆對他滿意，顧客也對他滿意。他們喜歡他的聰明與正直，都願意跟他打交道。所以，來店裡做生意的人越來越多，布店越來越興隆。由此，喬治更覺得自己當初的打算是對的。他堅信，自己已經找到了自己一生的工作。

然而，天有不測風雲。一天夜裡，小店突然失火，全部的存貨、錢款都化為了灰燼。喬治兄弟倆一下子從峰頂跌到了谷底。現在，兩個人都成了窮光蛋，一文不名。這種時候，喬治的心情按常情是可以想像的：他沒有家，沒有錢，衣食全無著落。一般的人在這種處境中很容易萬念俱灰，陷入絕望，但喬治並不是這樣。他沒有坐在廢墟上怨天尤人，自艾自怨，他仍然相信命運把握在自己手裡。相信只要勤奮工作，一切都會到來的——他堅信這一點。

他沒有坐在廢墟上怨天尤人，自艾自怨，他仍然相信命運把握在自己手裡。

喬治開始四處找活幹。他不挑剔活輕活重，只要他覺得對自己可能有幫助的，都願意去做。然而，當時新英格蘭地區經濟狀況不好，找工作很不容易，發財就更不用提了。喬治在紐伯里港、以及其他地方試了又試，仍然一無所獲。在走投無路的窘迫境況下，他想到了一個在哥倫比亞特區喬治城做生意的叔叔約翰，自然而然地就想到了去找這位叔叔。他越是想這件事情，越覺得大有可為，前景光明。於是，他毅然決定去投靠他的叔叔。

命運之神從此向這位樂觀豁達而又聰明勤奮的年輕人敞開了大門。他多姿多彩、經歷豐富的一生，也就從他的這一念之間開始。與其說災禍毀滅了他的一切，不如說是激發了他新的決心和努力。可以說，正是在小店的廢墟上，誕生了這位倫敦的著名銀行家和慈善家。

喬治到了喬治城之後，他的叔叔非常歡迎他，因為他正需要一個年輕人做幫手。於是，一切仍然和往常一樣，他又幫著叔叔把生意經營得井井有條，講求信譽，童叟無欺。結果，他很快贏得了全城男女老幼的交口稱讚，成為最受歡迎的一位城市公民。

這時候，城裡有一位有眼光的生意人，名叫里格斯，他看中了喬治是個生意上的奇才，就邀請他做自己的合作夥伴，一起經營布匹批發生意。喬治的叔叔覺得喬治既然對這一行已經有過從業經驗，而且行業本身也很有前途，就勸他接受里格斯先生的邀請。喬治權衡之下，也就接受了，雖然這一年他只有19歲。年輕的喬治・帕博多平生所賺的第一個五千英鎊，就是在和里格斯合夥經營的生意中賺到的。他們的生意發展異常迅速，很快巴爾的摩、費城和紐約都有了分店。到了一八三〇年里格斯先生退休的時候，公司已經成為一家規模不斷擴張、利潤極其豐厚的大型布料批發公司。里格斯退休後，公司的整個管理都交給了喬治・帕博多。

一八二七年的時候，帕博多為了生意上的需要訪問了倫敦，他一下子就被這個國際大都市吸引住了，內心暗暗決定，將來一定要在倫敦建立自己的事業，讓自己成為這座城市的公民。帕博多的這個想法可不是癡心妄想，這時候的他，已經不是原先那個一貧如洗、到處尋找不到工作的小夥子了，他已經是當時叱吒風雲的一位產業大亨，是聚斂錢財的高手，投資贏利的大師。這樣的人在當時是極為少見的。

結果，他按照自己的預想，一八三七年賣掉了在美國的產業，開始進軍倫敦。自此以後，他的生意一日千里，名聲也蒸蒸日上，短短的幾年之內就成為英國首屈一指的富

翁，而且財富每年還在不斷遞增。

帕博多先生以自己的財富得到同時代人尤其是窮人的尊重，但是他在工作和人生態度上依然保持著本色，即使到了功成名就之時，他仍然保持著和一個最低層的勞動者一樣的辛勤、節儉和謙遜。他仁慈寬厚時時記掛人類所遭遇的不幸，在工作和禱告之外，他慷慨解囊，資助各種慈善事業，以幫助貧困的人們。

一次，帕博多向朋友提到：「我經常禱告的一個內容是，希望能夠積攢起一大筆財富，資助社會上的窮人。」彷彿上帝聽到了他的禱告，他畢生積攢了差不多一千萬美元的財富——這在當時可是一個天文數字。這筆錢，除了部分作為遺產留給親戚朋友之外，其餘全都捐贈給了英美兩國的窮人，以及各種文學性機構。其中，丹佛的「帕博多學院」就是由他捐贈25萬美元興建的。

帕博多先生的一生，正是一個窮苦孩子通過個人努力而贏得巨大成功的典型實例。如果不是那一場割斷了他與紐伯里港聯繫的大火，那麼他或許永遠不可能成為聞名歐洲的金融大亨。

一八六九年11月4日，喬治・帕博多在倫敦伊頓街區他的家中告別了人世。葬禮在威思敏斯特教堂舉行，氣氛莊重，悼者如雲，絲毫不亞於君王的葬禮。隨後，他的遺體被放在一艘英國軍艦「君主號」上，運往美國。遵照死者本人的意願，他最終下葬在他的故鄉丹佛，和他的母親葬在一起。

像改變喬治・帕博多命運的大火類似的不幸或更輕微些的災難、困難，會降臨到幾乎每一個人的生活中，然而，與喬治・帕博多不同的是，大多數人都被輕易地擊倒了。不是他們沒有才智，而是缺少像喬治・帕博多那樣對待生活的積極態度。

建立這樣的態度並不是一朝一夕的事，但是人人都可以擁有。它是——

一、有自己人生的抱負，相信自己的能力，並為之努力。

二、停止埋怨這個曾令你不如意的環境，不把它看成命運的殺手，而是適應它，不斷積累經驗，並不斷尋找自己的興趣和機遇。

三、果敢地把過去的一切不快、不幸的遭遇統統拋擲腦後，把眼前的痛苦化做一種崛起的驅動力，建立積極迎接未來的一個個艱難曲折的心理準備。

李嘉誠說：「運氣只是一個小因素，個人的努力才是創造事業的最基本條件。」

4．身體的缺陷不是事業的殺手

李嘉誠說：「我認為勤奮是個人成功的要素，所謂『一分耕耘，一分收穫』，一個人所獲得的報酬和成果，與他所付出的努力有極大的關係。運氣只是一個小因素，個人的努力才是創造事業的最基本條件。」

似乎是要驗證李嘉誠的話，一個因患盧伽雷氏症（肌萎縮性側索硬化症）而被禁錮在一張輪椅上達20年之久的人，根本談不上絲毫運氣的人，卻憑著自己過人的勤奮，成為二十世紀享有國際盛譽的偉人之一。他的研究已經改變了人類對宇宙的看法。他就是英國物理學家——史蒂芬・霍金。

史蒂芬・霍金，二十世紀最偉大的科學家之一，一九四二年1月8日出生於英國牛津。後來他因患盧伽雷氏症（肌萎縮性側索硬化症），禁錮在一張輪椅上達20年之久。但他身殘志不殘，他的有關宇宙的最重要的思想已經改變了人類對宇宙的看法，他對黑洞的開創性研究為人們提供了宇宙源於何時這一難題之線索，從而成為當今世界上繼愛因斯坦之後最傑出的理論物理學家。

人們經常問他：運動神經細胞病對你有多大的影響？他的回答是，不很大。他儘量地過一個正常人的生活，不去想他的病況或者為這種病阻礙他實現的事情沮喪，這樣的時候不怎麼多。

霍金直到八歲時才學會了閱讀。在中學，他的成績並不好。當他十二歲時，他的兩位朋友用一袋糖果打賭，說他永遠不可能成才。

十七歲的霍金進入牛津大學時，同年級同學中的大多數都在軍隊服務過，所以比他大許多。大學第一年以及第二年的部分時間裡他覺得相當孤單。當時籠罩牛津的氣氛是極端厭學。那時牛津大學的物理學課程安排得特別容易，你可以毫不用功。霍金在牛津上學的三年中只在剛入學和快結束時各考一回。三年期間他總共用了一千小時的功，也就是平均每天一小時。他並不為他的懶惰感到自豪。這是那時大多數同學的共同態度：對一切完全厭倦並覺得沒有任何值得努力追求的東西。

霍金自己說，是他的疾病改變了這一切：當你面臨著夭折的可能性，你就會意識到，生命是寶貴的，你有大量的事情要做。

當他被發現患了運動神經細胞病時，對他無疑是晴天霹靂。在童年時他的身體動作一直不能自如。他對球類都不行，也許是因為這個原因他不在乎體育運動。但是，他進牛津大學後情形似乎有所改變。他參與掌舵和划船，雖然沒有達到賽船的標準，但是達到了學院間比賽的水準。然而在牛津上三年級時，他發現自己變得更笨拙了，有一兩回沒有任何原因地跌倒。

直到第二年到劍橋後，他的母親才注意到並把他送到家庭醫生那裡去，隨後又被介紹給一名專家，在他的21歲生日後不久即入院檢查。他住了兩週醫院，其間進行了各式各樣的檢查。最後除了告訴他說這不是多發性硬化，並且是非典型的情形外，什麼也沒說。然而，他已猜測出，他們估計病情還會繼續惡化，除了給他一些維他命外，束手無策。他能看出他們預料維他命無濟於事。這種病況顯然不很妙，所以他也就不尋根究底。

意識到自己得了一種不治之症並在幾年內要結束性命，對他真是致命的打擊。這種事情怎麼會發生在他身上呢？為什麼他要這樣早地夭折呢？然而，住院期間他目睹了在他對面床上一個他剛認識的男孩死於肺炎的令人傷心的情景後，他明白了，有些人比他更悲慘。他的病情至少沒有使他覺得生病。以後的日子裡，只要他覺得自哀自憐，就會想到那個男孩。

他不知所措，不知什麼災難還在前頭等著他，也不知病情惡化的速度。回到劍橋之後，他繼續剛開始的在廣義相對論和宇宙論方面的研究。但是，由於他的數學背景不夠，所以研究進展緩慢，而且無論如何，他感覺可能活不到完成博士論文的時候了。

當他覺得十分倒楣的時候，他就去聽華格納的音樂。那時，他的夢想甚受困擾。在他的病況診斷之前，他就已經對生活非常厭倦了，似乎沒有任何值得做的事。出院後不久，他曾經做了一個自己被處死的夢。他突然意識到，如果他被赦免的話，他還能做許多有價值的事。另一個他做了好幾次的夢，是他要犧牲自己的生命來拯救其他人。他想，如果他總是要死去的話，做點善事也是值得的。

但是，他沒死。事實上，雖然未來總是籠罩在陰雲之下，他卻驚訝地發現，他比過去更加享受生活。他在研究上取得了進展。他訂了婚並且結了婚，還從劍橋的凱爾斯學院得到一份研究獎金。凱爾斯學院的研究獎金及時解決了他的生計問題。他此時明白了，選擇理論物理作為研究領域是他的好運氣，因為這是他的病情不會成為很嚴重阻礙

的少數領域之一。而且幸運的是，在他的病情越來越嚴重的同時，他的科學聲望也越來越高。這意味著人們準備給他許多職務，他只須做研究，不必講課。

直到一九七四年，他還能自己吃飯並且上下床。妻子珍設法幫助他並在沒有他人幫助的情形下帶大兩個孩子。然而此後情形變得更困難，於是他們開始讓他的一名研究生和他們同住，幫助他起床和上床。作為報酬是免費住宿和他對他研究的大量注意。

一九八〇年他和他的研究生、私人護士變成了一個小團體，其中私人護士早晚來照應一兩小時。這樣子一直持續到一九八五年他得了肺炎為止。他必須採取穿氣管手術，從此他便需要全天候護理。能夠做到如此是受惠於好幾種基金。

更糟的是，他的言語在手術前已經越來越不清楚，儘管能夠交流，但只有少數熟悉他的人能理解。他依靠對祕書口授來寫論文，通過一名翻譯來作學術報告，他能更清楚地重複他的話。然而，氣切手術一下子把他的講話能力全部剝奪了。有一陣子他惟一的交流手段是，當有人在他面前指對拼寫板上他所要的字母時，他就揚起眉毛，就這樣把詞彙拼寫出來。像這種樣子交流十分困難，更不用說寫科學論文了。

還好，加利福尼亞的一位名叫瓦特・沃爾托茲的電腦專家聽說了他的困境，寄給他他寫的一段叫做平等器的電腦程式。這就使他可以通過按手中的開關即可從螢幕上一系列的目錄中選擇詞彙。這個程式也可以由頭部或眼睛的動作來控制。當他積累夠了所要說的，就可以把它送到語言合成器中去。最初他只在桌上型電腦上運行平等器的程式。後來，劍橋調節通訊公司的大衛·梅森把一台很小的個人電腦以及語言合成器裝在了他的輪椅上。他用這個系統交流得比過去好得多，每分鐘可造出十五個詞。他可以要麼把寫過的說出來，要麼把它存在磁碟裡，還可以把它列印出來，或者把它找出一句一句地說出來。

從此，他就靠這套系統寫書和科學論文。他還進行了一系列的科學和普及的講演，聽眾的反映很好。他想，這要大大地歸功於語言合成器的品質。霍金實際上在運動神經細胞病中度過了整個成年。但是他的疾病並未能夠阻礙他有個非常溫暖的家庭和成功的事業。他十分感謝他的妻子、孩子以及大量的朋友和組織得到的說明。很幸運的是，他的病況比通常情形惡化得更緩慢。這表明一個人永遠不要絕望。

他所取得的成功是何等偉大啊！然而，上天賦予他的資質又是何等可憐呢！他並沒有坐等幸運的女神來找他，而是自己主動地去追求。

像他這樣的人，如果要停止下來不去奮鬥了，是何等的容易，有多少可以利用的「名正言順」的藉口呢！但是他不！如果自己真的有什麼可憐的地方，他就讓朋友們來可憐他。他從來都不落入自憐的羅網裡，這種羅網害過多少缺陷比他輕得多的人。沒有人能想像這位廣被尊敬的物理學家會為自己憂愁的。

如果他一味想著自己身體上的缺陷，他又能走到什麼地步呢？但是，他不把自己當做嬰孩看待，而是讓自己成了一個真正的、了不起的人。當他遇到可怕的環境時，他就用一種探險的精神，也覺得自己變得勇敢了。他和別人在一起時，主動地去接近他們，並不故意迴避他們。他這種對於人的興趣迫使自卑的情感無從產生。他覺得當他用「快樂」這兩個字去接觸別人時，就不覺得別人有什麼可怕了。

霍金使自己成功的方式是何等簡單，然而又是何等有效！這是每個人都可以做到的。他通過行動，並在心底把自己看做一個健康的人，由此，他得到了健康。他也通過行動，使自己像一個勇敢者而克服了懼怕。

沒有哪一個人會比霍金自己更清楚自己的缺陷。他從來不自欺欺人，以為自己是勇敢的、強壯的、好看的。但在行動中，他並不把自己的缺陷放在心上，好像自己是沒有缺陷的人，因而他取得了成功，這正是因為他對自己的缺陷認識得很清楚，而他從來都不縱容它們，凡是他能克服的缺陷，他都克服了。

認識到你的短處，但在行動時卻又保持輕鬆自信，好像自己沒有任何缺陷一樣，這確實是一種建立自信心的好方法；但是如果你不僅在行動時表現得好像沒有什麼缺陷似的，而且在心底也完全忽視自己缺陷的存在，那麼，這只能使你自己變得更為可笑了。

某種你自以為不如人而希望除之而後快的東西，或許它正是你自己的一種最好的特點——如果你能恰當地利用它的話。不過，無論你是想利用還是克服一種缺陷，首先我們都應當承認它的存在。然後，忘記它的存在。

這便是一些利用缺陷成功的祕訣。如果能使你的缺陷引起別人的喜歡，別人就不會視其為醜，反而會真正喜歡上它，同時也會因為它而更喜歡你。

一種缺陷可以成為你一生中最大的激勵因素，也可以成為你消沉膽怯的原因。試著讓你的缺陷轉化成為一種對自己打氣的激勵因素。

克服缺陷的最好的方法，是誠實面對它，然後用行動來藐視它的存在。如果你已學

無論你是想利用還是克服一種缺陷，首先我們都應當承認它的存在。然後，忘記它的存在。

會了用行動來忽視它的存在，你便可以克服它。

5．任何情況下都要能經得起挫折

李嘉誠的事業，並不是人們想像中的一帆風順，完全沒有挫折和逆境，從來沒有嘗試過失敗。在創業之初，就曾經因為買家紛紛退貨，差點造成工廠破產清盤結束，香港回歸之前，心有不甘的英國人在香港散佈了許多不利於穩定社會的言論，使在香港包括李嘉誠的「長實」在內的許多企業，生意上受到打擊。然而，在遭到嚴重挫折的情況下，李嘉誠絲毫都不灰心，只是默默耕耘，像平常一樣，努力工作，將自己手中的工作做到最好，因而創出了今日的成就。

高空彈跳運動非常刺激，把人從高高的平臺上拋下萬丈深淵，那瞬間的感覺不知是啥滋味，很多人不敢體會。其實，大膽的尋刺激者心裡明白，腳腕上繫著粗粗的安全帶不會摔死的。如果沒有那根安全帶，誰敢拿生命開玩笑。可是在人生旅途上，誰敢保證不會突如其來地玩一把高空彈跳，不過是被推上去的，而且沒有繫安全帶，那時候你想一定完了，可是有人奇蹟般地彈上來了。你相信嗎？艾柯卡創造了這一奇蹟。

李・艾柯卡，一九二四年生於美國賓夕法尼亞州的一個義大利移民家庭。早在大學時代，就對汽車產生了興趣。當時的福特汽車，常常因爬坡而出洋象。他常常開玩笑說，「福特公司造出這種破車，一定需要我來說明。」

一九四六年，他真的去了福特公司做汽車推銷工作。經過20多年的努力，終於如願以償地登上福特汽車公司總裁的寶座。然而，在他即將光榮退休的前一年，突然遭到了解雇，一夜之間，他從雲端摔到了谷底，也正是從那一刻起，他才開始用自己的經歷，譜寫美國人崇拜的英雄傳奇——

艾柯卡是美國家喻戶曉的人物，他的自傳是當今全球非小說類書籍中最暢銷的書，而他的一生則具有史詩般的傳奇色彩。

世上沒有哪位企業家像艾柯卡那樣命運多舛，大起大落，幾經沉浮。他從一個沒沒無聞的推銷員扶搖直上，他為福特公司實現了每年盈利18億美元的目標，登上美國福特汽車公司總經理的寶座，正當人生光芒四射時，他卻莫名其妙地被老闆炒了魷魚，從權

一夜之間，他從雲端摔到了谷底，也正是從那一刻起，他才開始用自己的經歷，譜寫美國人崇拜的英雄傳奇。

力之巔被推落谷底。

這時，他和常人一樣痛苦不堪，滿腔的屈辱、憤慨、沮喪，幾近瘋狂。但是，他沒有垮掉。在行將退休的年齡而受命於危難之際，接過瀕臨破產的克萊斯勒汽車公司這個破爛攤子，經過幾年拼打，使其起死回生，使之成為全美第三大汽車公司，並贏得了比60年利潤的總和還要多的年利潤。他那鍥而不舍、轉敗為勝的奮鬥精神使人們為之傾倒。一時間，他成為美國人心目中的民族英雄。記述他傳奇經歷的自傳，以空前的速度風靡美國，風靡全世界。艾柯卡成了全世界聞名的超級企業家。

艾柯卡的父親是由義大利移民到美國的，正因為是移民的後裔，艾柯卡從小就有一種不願受歧視的奮發圖強性格。

一九四八年八月，20歲的艾柯卡當上福特汽車公司的見習工程師，可是他認為自己比較適合市場行銷的工作，就毛遂自薦要做業務推銷員。剛開始的時候，他的的銷售成績並不理想，在推銷員中居於末位。後來，艾柯卡提出分期付款方式，雖然這並不是艾柯卡首創的促銷方式，但因為他的靈活運用和宣傳，僅僅在三個月的時間內，銷售成績就一路攀升為第一名，也受到了公司副總經理麥克納馬拉（後任美國防部長）的賞識，被升任為福特總公司銷售部主任。

艾柯卡在銷售方面獲得成功之後，卻又回頭幹他的老本行——技術設計。他經過苦心的研究與努力，設計出野馬牌汽車。這種車造型新穎、華美富麗，同時又保留老福特汽車的一些特點。野馬牌汽車推出之後，在很短的時間內，就打破了福特公司歷年來的銷售紀錄，同時野馬也成為受人廣泛歡迎的名稱——如野馬帽、野馬俱樂部、甚至還有野馬麵包。因此，艾柯卡憑著這股奮發圖強的工作熱情，當上了福特公司的總經理。

成功有時也會帶來厄運。福特公司的大老闆亨利因為忌妒艾柯卡的成功，突然決定開除這位鋒芒畢露的總經理。一時之間，艾柯卡突然從事業的巔峰跌入絕望的深淵，這幾乎讓他失去生活的信心和勇氣。他在福特公司已經工作32年，本來可以靠著自己為公司創造的業績，而高枕無憂地安享自己的晚年，沒想到卻硬是被解雇了，而這時艾柯卡已經五十四歲了。

艾柯卡並沒有因此被擊垮，他反而為自己選擇了一項更艱巨的任務——應聘到瀕臨破產的克萊斯勒汽車公司擔任總經理！這項決定幾乎可以比喻為：一匹老馬把負載沉重的破車套在脖子上往山坡上攀登，其艱辛的程度可想而知。

這位曾在第二大汽車公司當了八年總經理的強者，憑他頑強的毅力、果斷的決心以及宏大的氣魄，進行了一夜奮發圖強的工作。他對公司內部進行了大規模的調整、改革，並且用百折不撓的精神說服國會議員，贏得了巨額的貸款。

這一時期是使他成為傳奇式人物的重要階段，也是他一生中最艱難的日子，因為如果他不能重振克萊斯勒，那麼連他在福特公司所創出來的成績，都將被人鄙棄。

艾柯卡繼續像設計像野馬汽車一樣，可以成為汽車新寵兒的車型，在他的努力之下，小型車終於獲得空前的成功。這種小型車不僅乘坐舒適、駕駛方便，體積小、節約能源，而且外型優美，使汽車愛好者為之瘋狂。

小型車的推出，標誌著艾柯卡登上人生旅途的另一個高峰。一九八三年8月15日，艾柯卡把一張面額高達八億一千三百四十八萬美元的支票交給銀行，至此克萊斯勒汽車公司還清了所有的債務，這時距離亨利・福特開除他的時候，剛好滿五年。

艾柯卡的成功，使克萊斯勒一舉成為僅次於通用、福特之後的美國第三大汽車公司。第二年，艾柯卡為克萊斯勒公司創下了盈利二十四億美元的紀錄，而這個數位還高於該公司歷年盈利數字的總和。甚至可以這樣說：有史以來的任何一個成功者，都具有奮發圖強的精神。

人必須在奮發的過程中才能發現並發揮自己的潛力。也就是說每個人內在的潛能都是無窮的，如果總是按照慣性的生活方式度過一生，就把可能發揮出來的能力都掩蓋掉了。用新的思維去激發內在的潛能，你就會發現原來自己具有從未被發掘的能力。

從另一個角度來說，人就像一顆星星一樣，在無垠的宇宙中也不過是那麼一小點兒。因此，每個人都要不斷激發自己的能力，通過奮發努力，戰勝一個又一個難關就會感覺到自己是個永不停息的奮鬥者。

人生之路不可能永遠是筆直的。一個人在物質方面或精神方面的願望，常常會因為這樣或那樣的原因，而受到阻礙或中斷的狀況，就是通常所說的「挫折」。面對挫折，任何人都會引起一定的心理和態度上的反應。有的人情緒穩定、沉著應對，有的人緊張不安、束手無策；有的人百折不撓、越挫越勇，有的人心灰意冷、一蹶不振；有的人事過境遷、逐漸淡忘，有的人耿耿於懷、念念不忘。

要能夠正確地認識挫折，並不是一件容易的事情。當自己處在旁觀者，看到別人遭

可以說，挫折也是生活中的組成部分，每一個人都會遇到。

遇挫折時，或許有時還能做出一些較為正確的分析，而當挫折降臨到自己的頭上時，要能做出正確而清醒的認識則就很不容易了。在挫折情境中許多不理智的反應，不正確的行動，都是與缺乏對挫折的正確認識有關的。因此，我們就應當有正確的挫折觀。

可以說，挫折也是生活中的組成部分，每一個人都會遇到。不是遇到這種不幸，就是遇到那種厄運；不是遇到大坎坷，就是遇到小麻煩。雖然我們不歡迎挫折，不喜歡挫折，但又總是躲避不開它。從某種意義上說，生活就是喜、怒、哀、樂的總和。有喜有樂，自然就會有怒有哀。大自然間、社會間的萬事萬物，無一不是在曲折中前進，螺旋式上升的。一切順利、直線發展的事情幾乎是沒有的。所謂「一帆風順」、「萬事如意」，往往只是人們的良好希冀而已；「天有不測風雲，人有旦夕禍福」，倒是司空見慣的。縱觀古今，許多著名的科學家、文學家和政治家，大都是在逆境中坎坷中磨礪過來的，人類創造文明與進步的事業，無不經過挫折與失敗。

挫折是客觀存在的，關鍵在於我們怎樣認識它和對待它。如果對挫折沒有正確的認識，缺乏應有的心理準備，遇到挫折就會驚惶失措，痛苦絕望；如果有了正確的挫折觀，做好了充分的心理準備，認識了挫折是人生中不可避免的一部分，並且敢於正視面臨的挫折，不灰心、不低頭、不後退、堅韌不拔，敢於向挫折挑戰，就能把挫折當做進步的階石、成功的起點，從而不斷取得進步。

人對挫折的承受能力和適應能力，像其他心理品質一樣，也是可以經過學習或鍛鍊而獲得的。要鍛鍊對挫折的適應能力與承受能力，可以通過一些方法進行鍛鍊：

一、有意識地接受生活中的一些挫折情境

要培養不屈不撓，再接再勵，堅韌不拔的精神，鍛鍊堅強的性格、良好的心理素質和對付壓力的能力，在挫折中學習和掌握對付挫折的方式和技巧，增強適應力。當我們把生活中遭到的種種挫折和逆境，作為磨礪自己，增益其所不能的一種激勵機制時，就不僅能夠面對挫折坦然自若，無所畏懼，而且能夠從中學到東西，獲得長進。

二、有意識地創設一定的挫折情境

即不斷地讓自己經受磨難，自找苦吃，自尋煩惱，對自己進行加強意志、魄力和挫折排解力的訓練，最終使自己能經受住任何殘酷的打擊。《一千零一夜》裡有一個勇敢

人對挫折的承受能力和適應能力，像其他心理品質一樣，也是可以經過學習或鍛鍊而獲得的。

的航海家辛巴達，他每次航海歸來，都可以放棄冒險事業，過上安逸的生活。但他卻執著地去尋求那種與大自然抗爭，與海盜搏鬥的驚險旅行，而恰恰是這些經歷使他抵抗挫折的能力大大增強，使他一次次大難不死，在航海中安抵陸地。

三、心理上經常做好對付挫折的準備

挫折既然是不可避免的，我們就應該做好隨時應付挫折的心理準備。挫折適應力與對挫折的心理準備有很大的關係。有的人喜歡把未來設想得很容易，對困難卻不願多想。當生活順利時，他感到很舒適，而一旦遭到艱難困苦，他就會感受到很大的挫折和壓力，這就是因為他缺少對付挫折的心理準備。而另一些人在憧憬未來時，儘量考慮到各種可能出現的困難，做好和困難搏鬥的心理準備。這樣，當後來並沒有碰到那樣的困難時，他會感到出乎意料的輕鬆；即使真的碰到了那樣的困難，他也就會因為早就有了心理準備，而並不感到有很大的壓力和挫折感。

四、改變心態就能克服挫折

挫折發生以後，經過認真分析，如果引起挫折的原因和挫折情境是可以改變或消除的，則應通過各種努力，設法將其改變、消除或降低它的作用程度。還可以暫時離開當時的挫折情境，到一個新的環境裡去。比如，恩格斯年輕時曾失戀過，他一度感到痛苦和心灰意懶，後來他去阿爾卑斯山旅行，在新的環境裡，看到世界是如此宏大，生活是如此多彩，很快達到了心理平衡，擺脫了痛苦，旅行歸來後又以新的熱情迎接了新的工作。普希金失戀後也採用了類似方法，他跑到高加索參加了對土耳其的戰鬥，從而用戰爭的煙火沖去了失戀的愁雲（情緒的挫折）。

6．困難面前勇者勝

我們知道，困難是衡量一個人將來能否成功的試金石。而面對困難，有人退縮，有人勇於克服困難，戰勝困難。人生的征途中，不可能不遇到困難。然而，面對著困難，

李嘉誠充滿自信地說：「當我自己在逆境的時候，我認為我的條件足夠！因為我勤力、節儉、有毅力，我肯求知及肯建立一個信譽。」

成功者總是能夠不斷地將它克服。

困難是事業的起跳點。困難往往出現在事業的關鍵時候，比如，新舊產品的轉換時期，公司因擴大、轉制、經濟環境突變等面臨重大變化時期，當一個人突然遭遇肌體傷害、疾病侵襲等。這些困難，一旦克服，或帶來前所未有的利益，或有起死回生之效。

對有積極心態的人來講，無論面前的困難有多大，都是暫時的；對於胸無大志者而言，任何困難都是痛苦不堪的，是永恆的。對於逆境，李嘉誠充滿自信地說：「在逆境的時候，你要自己問自己是否有足夠的條件。當我自己在逆境的時候，我認為我的條件足夠！因為我勤力、節儉、有毅力，我肯求知及肯建立一個信譽。」

與李嘉誠一樣，美國廣告界的工作狂人亞・克羅爾也是一個不畏懼困難，在逆境中有足夠條件的人。一九三七年出生在美國一個工人家庭。在大學期間被選為橄欖球隊隊長。後來被選入全美橄欖球隊。結束橄欖球隊的生活後，他被楊—魯比肯廣告公司聘請為廣告業務員，從此進入廣告行業。一九七一年，克羅爾被楊—魯比肯廣告公司董事長奈伊提升為主管國內廣告業務的總經理。一九八〇年，43歲的克羅爾被任命為公司總經理，執掌著擁有四億資產的楊—魯比肯廣告公司的大權。他的信條就是：「困難是暫時的，只要努力，最終就能戰勝它。」

小時候，由於家庭經濟不富裕，克羅爾邊打工邊學習。在校期間學習成績優秀，文筆很好，被選為校刊主編，把刊物辦得很有生氣，得到校長、老師、同學們的好評。18歲那年進了耶魯大學，兩年後，他離開耶魯大學，進了陸軍憲兵隊。

克羅爾熱愛學習，肯於鑽研，他不甘心就此放下學習，便辭別憲兵隊，又到拉特格斯大學學習。由於在校級橄欖球比賽中表現突出，被選為橄欖球隊隊長。後來被選入全美橄欖球隊。他的一篇學術論文，引起了《新聞週刊》報社的注意，並採訪了克羅爾，從中了解到克羅爾今後的打算：當律師或投身於廣告事業，當時他的主意未定。

這個消息被楊—魯比肯廣告公司的一位高級副經理知道了，馬上打電話邀請克羅爾到公司來，並誠懇的告訴他，到廣告公司，律師也有用武之地。克羅爾就這樣選擇了廣告這個行業。

一九七一年，克羅爾被董事長奈伊提升為主管國內廣告業務的總經理。

一九八〇年，43歲的他被任命為公司總經理，執掌這家擁有四億資產的公司大權。

二十世紀80年代初，楊—魯比肯公司經營出現了劣勢，一些高級職員紛紛辭職，另找出路，克羅爾也曾動搖過。董事長奈伊挽留他，並讓他把設計部整頓一下，克羅爾接受了這一任務。他認為設計部是廣告公司興衰存亡的關鍵部，設計部搞不好，直接影響公司的經營。那時的設計部，人人都各行其道。他分析了設計部雜亂、驕縱的癥結所在，那就是明明在廣告設計上大有所為，可他們的力氣總不能花在點子上。有時候，他們把客戶想解決的問題壓根兒給忘了。

根據上述分析，克羅爾設計了一套改造設計部的程式。

首先，整頓設計部的領導班子，選拔了一批精明、強幹、勤勞、能吃苦的骨幹；其次是堅決改變設計部工作自行其是，不尊重客戶的風氣。克羅爾抓住要害問題，經過半年夜以繼日的奮鬥，終於使設計部煥然一新，公司很快扭轉了被動局面，挽回了頹勢。

從此，克羅爾一躍成為出類拔萃的人物，成為主管複雜的服務性企業的實幹家。他置身於作戰的前沿陣地，不斷完善克敵制勝的策略，帶領下屬奪魁稱雄。

一九八四年，席夢思床墊公司突然宣布，終止委託楊—魯比肯公司經辦廣告業務。克羅爾知道後，馬上召集公司設計人員，開了一個極短的會議，僅僅用了36個小時，就準備出了一整套配有佈景和音樂的全新廣告——「席夢思床墊公司」的專題廣告藝術宣傳。通過演員們的生動、風趣的演出，給企業界人士留下了深刻的印象。不出一小時，席夢思床墊公司宣布，鑒於楊—魯比肯公司出色的廣告設計，本公司將繼續委託它經辦廣告業務，取消同其他公司的業務合作。這次富有極大的挑戰性的廣告戰，是克羅爾的最漂亮的一次廣告戰。

一九八七年三月，克萊斯勒汽車公司董事長艾柯卡來電話，通知終斷多年來一直由楊—魯比肯公司承擔的二千萬美元的廣告業務。這樣，楊—魯比肯公司將面臨減少一大筆收入的局面。奈伊把這個不幸消息馬上告訴了克羅爾，但克羅爾很有信心地對董事長說：「既然如此，咱們就另尋他路吧，我們會攬到比這更大的生意。」

不久，克羅爾得知福特公司將準備跟一家廣告公司合作。於是他就明查暗訪，經過幾次交鋒，終於從福特公司那裡接到了六千八百萬美元的廣告生意，使公司轉危為安。

克羅爾在事業上青雲直上，不僅是靠他的才能，還靠他的比別人付出更多的勞動和他的苦幹實幹的創業精神。他精力過人，把整個身心都撲在公司的業務上。住在康乃狄克州的西露丁時，經常趕乘凌晨四點半運送牛奶的火車到紐約上班，一次也沒遲到過。

要推動工作，應該是調動人的「求勝願望」。而不能用恐嚇威脅的手段。

當上經理後，每天很早到總部，批閱有關客戶動向的情報，公司財務報告以及擴充經營的備忘錄。等部下人員陸續上班了，他便開始同他們討論或聽取報告。

克羅爾是個工作狂，一天的工作量是驚人的。有人對他的工作量做過調查：早晨上班後，他先是召開業務評審會議；同負責客戶聯繫業務的人員研究廣告設計；探討市場競爭的戰略方針；分析各行各業的競爭勢頭。繼而抽出時間，同客戶洽談廣告生意。最後，是向出國訪問歸來的廣告界代表問候致意等活動。

在克羅爾孜孜不倦、埋頭苦幹的影響下，手下人很受感染，也提高了他們的工作積極性。從而使楊—魯比肯公司的廣告業務增長勢頭在同行業中，處於領先地位。

克羅爾不但自己以身作則，苦幹、實幹，他還善於調動手下人的積極性，善待下屬。他常說：「要推動工作，應該是調動人的求勝願望。而不能用恐嚇威脅的手段。」

克羅爾關心下屬的報告，經常幫助下屬解決生活等方面的困難。有一個檔案管理員，因父母年邁多病，身邊需人照顧，準備辭職。克羅爾得知後，倍感同情，並提出想辦法幫助他渡過難關。就在此人領取老年救濟金之前，公司已經給予了適當的資助了。

克羅爾一生「埋頭苦幹」，「循序漸進」，把一個運動員在運動場上的奪魁稱雄的拼搏精神運用到企業經營上，永不懈怠，進取不停，使他在奮鬥中屢屢得勝。

從克羅爾的身上，不難發現，善於迎著困難而上的人，必定是一個在各個方面都很出眾的超人，其成功的原因儘管不盡相同，但都離不開與困境抗爭。

7．用別人的嘲笑鞭策自己

「敵人的批評，比朋友的批評更可貴！」批評者或許心存不良，但其批評的事實卻可能是真的。你如果因他的批評而灰心喪氣，那你就算成全了他的詭計了。

大部分人都是愚蠢的。我們總是渴望被人尊重和稱讚。一旦別人說到我們的缺點便惱羞成怒。所以，朋友總是不敢譏諷的，他們只會稱讚或保持沉默。

惡意的批評，大半是出自敵人的，我們可以不做理會。但如果我們不笨的話，就可用來改進自己，這是很划得來的。

當林肯是個年輕律師時，因一個重要案件來到芝加哥。那些年長有名的律師自視甚高，不管在什麼地方都不請他一同前往，也不和他一同吃飯。

侮辱和朋友好意的玩笑是不同的。但就算是玩笑也可道出缺點來。

面對這種情形，林肯並未針鋒相對。後來他回到斯勃林菲爾德，他說：「我到芝加哥才曉得自己所懂得的是多麼的淺薄，但我要學的又是多麼的多。」這種輕視讓他進步了，而那些輕視他的人卻還在原地踏步。林肯做了大總統，而他們依然還是無名的律師。正是他們做了林肯的一級「梯子」，讓林肯爬到了榮譽的頂峰。

侮辱和朋友好意的玩笑是不同的。但就算是玩笑也可道出缺點來。

司特里可稱得上是美國的銷售始祖，他16歲時做了一個自己所希望的商號店員，並且努力想成為一名成功的五金銷售員。但是上司並不認為他是上進的。

「我不用你了，你是肯定不懂得做生意的。你到鑄造廠去做一個工人吧。你那種蠻力，除了做這種工作外，沒有什麼別的用途。」

對於一個年輕人的侮辱，還有比這更過分的嗎？被炒魷魚，他受到了很大的打擊，但是他始終以為自己工作得不錯，結果他重整旗鼓，決心要取得勝利。

「你可以辭退我，然而你不能削弱我的志氣，」他反抗道：「只要有一天我還活著的話，我也要開一個像這樣的大的五金店。」

這本是氣話。他因此而不停地努力，直到成為全國最大的五金製品商之一。倘若沒有這次打擊，他也許永遠是一個平凡的銷售員而已。粗魯的經理打破了他的自足心理，巨大的刺激促使他戰勝失敗。顯而易見，沉重的打擊是戰勝不適當自滿心的惟一方法。

不管別人的批評對你造成何種傷害或其動機怎樣，你都要以客觀的態度來衡量別人的批評。利用別人的批評來看清自己的行為，看出你究竟是對還是錯。

認為別人批評的時候，不要養成一種感覺自己受逼迫的習慣。批評讓你進步，這實在是幫了你的大忙。從別人的譏諷中找到成功的祕訣。

很多成功者成功的原因，都是由於他們勤學好問。他們都是從好問中得到成功的。

提出疑問是有代價的，也許沒有結果。但倘若你從來沒有提出問題，當然就不能嘗試努力解答，更不會問到最至關重要的問題上去。每一個發明都是問題的答案。

倘若有人說我們的問題問得怪，多半是由於他們不能回答的緣故。問問題也是一種藝術。一個人不可在不適當的時候問問題，也不應以一味糾纏的態度或故意取笑被問者的態度來問問題。

當你問問題卻得到不幸的結果時，多半表示你問錯了人。這時千萬不可有一朝被蛇咬十年怕草繩的心理，而要找別的方法去得到答案。與其糾纏那些不曉得答案的人，還

不管別人的批評對你造成何種傷害或其動機怎樣，你都要以客觀的態度來衡量別人的批評。

不如去問一個確實知道答案的人。

當然最好還是自己找出自己所要問的答案。成功者未必能解決每一個問題，但他們會堅持尋找答案。

8．成功的機遇要靠自己去創造

人生中許多機會是自己創造的。如果一個人既會利用外界的機會，又能自己創造機會，那麼他獲得成功的可能性就更大，而且成功的程度越高。

胡雪巖，清末的紅頂商人。出生於一八二三年，安徽績溪人。年少喪父，家境貧寒，從小就在錢莊當學徒。然而，當機會來臨之時，胡雪巖卻能傾盡家財幫助王有齡，為自己創造了一個機會，儘管他當時沒有預料這種機會能帶給他巨大的利益。他後來充分利用了這種機會，想方設法擴大自己的事業，壯大自己的勢力，終於成為江、浙一帶大富商。這其間王有齡給他提供了機會，提供了幫助。

胡雪巖明白在這個世界上權與錢可以結合，儘管他自己沒有當官，卻通過當官的王有齡獲得了巨利；王有齡借助他的錢得了官位，也獲得了利益。「世間的道理是很簡單的，只要想方設法，總能達到目標。」

失去了王有齡的支持，胡雪巖苦悶了一陣，但並沒有感到絕望，他用那雙犀利的商人眼睛搜尋著新的合作者。胡雪巖認識到，機會終究會有的，在沒有路可走的時候，往往正是奮起的時候；在別無選擇的情況下，一定會有所選擇。有路可走時，應該奮力向前；無路可走時，應該找一條路。人生本來是沒有意義的，赤條條來，赤條條去，但一個人的努力與奮鬥以及他的幻想希望，卻可以使本來沒有意義的人生變得有意義，置之死地而後生。

在鎮壓太平天國起義者的過程中，湘軍代替了清朝的正規武裝。曾國藩在湖南組建的湘軍水師和湘軍陸師成為了太平天國起義者的主要敵人。曾國藩是湖南湘鄉人，曾任翰林學士、吏部侍郎。一八五二年，為了鎮壓太平天國起義，在湖南幫辦團練，後來編練湘軍，先後在湖南、湖北、江西等地阻撓太平軍。曾國藩善於招攬人才，更善於利用同鄉關係籠絡湖南境內的人才，手下有李鴻章、左宗棠等一大批人。

一八六〇年，曾國藩升任兩江總督，一八六一年節制浙、蘇、皖、贛四省軍務。

一八六一年年底，因浙江巡撫王有齡自縊，曾國藩向清政府推薦左宗棠任浙江巡撫，征剿太平軍。於是，機會再次降臨到了胡雪巖頭上。

胡雪巖知道，湘軍不同於清政府的正規部隊即八旗兵與綠營兵。清政府的八旗兵、綠營兵都由政府編練，遇有戰事，由清政府命將調遣出征，戰事一完，軍權繳回。湘軍卻不然，其士兵是由各哨官親自選募，哨官是由營官親自選募，而營官又都是曾國藩的親朋好友、同鄉、同學、門生等，湘軍實際上是「兵為將有」，只服從於曾國藩兄弟，具有強烈的個人隸屬關係，清政府難於直接調遣。另外，胡雪巖知道，湘軍因轉戰各地，給養困難。

胡雪巖心中盤算：「戰亂的時候，更需要投靠一位鐵腕人物，才能保住我的命，保住我的生意。也許我還可以如當年助王有齡那樣，用我的銀子換取左宗棠的信任。」於是他到湘軍軍營中求見新任浙江巡撫左宗棠。

左宗棠是湖南湘陰人，舉人出身，是一個有才華的人，敢作敢為，對人很熱情，具有湖南人的務實精神。

左宗棠接見了胡雪巖，胡雪巖把自己的銀子拿出一部分，為左宗棠的湘軍籌辦糧餉和購買一部分軍火。左宗棠對他有了初步的好感，他趁熱打鐵，結交左宗棠的幕僚和近侍，局面慢慢打開。胡雪巖投其所需，果然讓左宗棠更加信任胡雪巖，並允許他走私軍火。胡雪巖仍然出沒於清朝兵營中，並且靠走私軍火和倒賣其他物資，又發了一筆數目可觀的財。

一八六四年，曾國藩率領的湘軍攻陷天京，太平天國革命失敗，但太平軍餘部仍在繼續艱苦奮戰。清政府任命左宗棠為欽差大臣赴閩鎮壓太平軍餘部。一八六五年，清軍攻破漳州，太平軍潰敗。胡雪巖仍舊與左宗棠保持密切關係。

在鎮壓太平天國革命中，曾國藩、李鴻章、左宗棠等人都經歷了「呼救無從」、「魂夢屢驚」的險境，深深體會到了清王朝的風雨飄搖，日暮途窮，不能不考慮國家的自強之道，以改變現狀並維護既得利益。

一八六六年，左宗棠到福州創辦福州船政局，胡雪巖也積極參與此事。一八六八年，左宗棠奉清政府命令，統率直隸境內各軍向西鎮壓撚軍。胡雪巖又籌集銀兩，幫助左宗棠。

左宗棠致力於洋務運動，發展民用工業，但他沒有錢，胡雪巖從洋商那兒借來鉅

「機遇」對於渴望成功的人才來說，是閃電般稍縱即逝而又難以捉摸的東西。

款，協助左宗棠。左宗棠得以先後設立蘭州機器局和蘭州織呢局。

左宗棠此時已是封疆大臣，握有重權，他並沒有忘記胡雪巖對他的幫助，便向清政府極力保薦胡雪巖。

清朝統治者見到左宗棠舉薦胡雪巖的奏章，便授胡雪巖為二品官，特許在紫禁城騎馬。於是，胡雪巖成了清代惟一的「紅頂商人」。

機遇對於渴望成功的人才來說，是閃電般稍縱即逝而又難以捉摸的東西。現實生活裡我們也經常看到，許多人深感懷才不遇，於是在消極的等待中苦歎功成名就的捷徑與自己無緣。其實機遇雖然很吝嗇，但它還是垂青於智慧勇敢和堅韌不拔的人。歷史上的許多傑出人物也是在一次次的磨難與打擊下，逐漸學會判斷，把握和創造機遇的，姜子牙就是這樣一個典型的代表人物。

「姜太公釣魚——願者上鉤。」是一句我們相當熟悉的民間歇後語，從字面上看表現的是一種消極的等待思想，但實際上卻反映了姜子牙的高超謀略。正所謂：智者創造機遇，勇者抓住機遇，愚者喪失機遇。我們或許可以通過對這個故事的分析獲得某些具有價值的啟發和觸動。

姜子牙，史稱姜太公，名呂尚，年輕時曾在商都宰牛賣肉，又到孟津賣酒為生。他雖然窮困潦倒但胸懷大志，勤習治國安邦之道，期望有朝一日大展宏圖為國效力。但由於他出身卑微，始終沒有展示才華的機會。他曾到朝歌做過試探和努力，但由於商紂王昏庸無道，使他直到晚年也沒有得到進身之階。可他仍然沒有灰心放棄，經過分析與判斷決定入周，於是選擇離周都只有幾十里的地方垂釣。長久的等待終於得到了機遇的垂青，周文王外出圍獵時遇到了這位老人。只見這個銀髯飄飄的老翁安靜而專注地臨溪垂釣，可他的釣鉤離水面幾寸高，而且鉤上沒有魚餌，但身邊的魚簍裡卻有一條鮮活的大鯉魚。周文王由於好奇而上前詢問：

「不用魚餌怎麼釣上魚呢？」

「休道鉤無餌，自有願上者。當今紂王無道，西伯不是甘願上鉤去朝拜嗎？諸侯不是甘願上鉤去臣服嗎？」

「先生高論，振聾發聵，我就是西伯。」

「老朽不知，萬望恕罪。」

「老人家必是世外高人，當今天下離亂，如不棄望助我成就偉業。」

每一個想成功的人，都應該記住，不僅要善於等待機遇，更要善於主動地去創造機遇。

……

於是這一問一答之後，成就了一段滅商立周名垂史冊的佳話。

機遇往往是突然地或不知不覺地出現的，有時甚至永遠不為人所知或只是在回首往事時才認識到過去的那件事是個機遇，慶幸抓住了它或者後悔失去了它。善於抓住機遇的人應該具有以下基本素質：

1．要隨時做好準備，不要機遇來的時候臨時抱佛腳。

2．要從小事做起，認真地做好每一件事。

3．一旦出現機遇的時候，全力以赴，兢兢業業地抓住它。

4．要鍛鍊出敏銳的洞察力，善於在複雜的情況下發現機遇。

每一個想成功的人，都應該記住，不僅要善於等待機遇，更要善於主動地去創造機遇。抓住機遇不是被動的，真正聰明的人都會創造自己的機遇。

第2章

做人比做生意更重要

我對自己有個約束，
並非所有賺錢的生意都做。
有些生意，給多少錢讓我賺，我都不賺。
有些生意，已經知道是對人有害，
就算社會容許做，我都不做，
因為這是我一向做人的原則。

——李嘉誠如是說

李嘉誠在生意場上馳騁了半個多世紀，只有對手，沒有敵人，堪稱天下奇蹟。而這個奇蹟正是因為他的「做人漂亮」所造就的。不少人可能都會認為，身為亞洲首富的李嘉誠，將來肯定會留給他兩個兒子大把的金錢和名下的大小企業。但是，身為人父的李嘉誠卻明確對人講，他給後代留下的最重要的是「漁」而不是「魚。」李嘉誠說：「我不是教他們如何賺錢，而是教他們怎樣做人，因為做人比做生意更重要。」

1.「善待他人，做對手不做敵人」

「善待他人，做對手不做敵人」，在任何時候都不以勢壓人，是李嘉誠一貫的做人準則，即使對競爭對手亦是如此。商場充滿了爾虞我詐、弱肉強食。能做到這一點，不少人認為是不可能的事。

香港《文匯報》曾刊登李嘉誠專訪，主持人問道：「俗話說，商場如戰場。經歷那麼多艱難風雨之後，您為什麼對朋友甚至商業上的夥伴，都十分的坦誠和磊落？」

李嘉誠答道：「最簡單地講，人要去求生意就比較難，而如果是生意跑來找你，那就容易多了。」

「一個人最要緊的是，要有中國人的勤勞、節儉的美德。最要緊的是節省你自己，對人卻要慷慨，這是我的想法。」

「講信用，夠朋友。這麼多年來，差不多到今天為止，任何一個國家的人，任何一個本地人，跟我做夥伴的，合作之後都能成為好朋友，從來沒有一件事鬧過不開心，這一點我是引以為榮的。」

對於這點，最典型的例子，莫過於老競爭對手怡和。李嘉誠鼎助包玉剛購得九龍倉，又從置地手中購得港燈，還率領華商眾豪「圍攻」置地，李嘉誠並沒有為此而與對方結為冤家而不共戴天。每一次戰役之後，他們都握手言和，並聯手、發展地產項目。

「要照顧對方的利益，這樣人家才願與你合作，並希望下一次合作。」追隨李嘉誠20多年的洪姑娘洪小蓮，談到李嘉誠的合作風格時說，「凡與李先生合作過的人，哪個不是賺得盤滿缽滿！」

俗話說：「在家靠父母，出門靠朋友。」

商場上，人緣和朋友顯得尤其重要。善待他人，利益均沾是生意場上交朋友的前

「善待他人，做對手不做敵人」，在任何時候都不以勢壓人，是李嘉誠一貫的做人準則。

提，誠實和信譽是交朋友的保證。就像在積累財富上創造了奇蹟一樣，李嘉誠的人緣之佳在險惡的商場同樣創造了奇蹟。李嘉誠生意場上的朋友多如繁星，幾乎每一個有過一面之交的人，都會成為他的朋友。

李嘉誠在生意場上只有對手而沒有敵人，不能不說是個奇蹟。想一想李嘉誠這句箴言：「人要去求生意就比較難，而如果是生意跑來找你，那就容易多了。」那如何才能讓生意來找你？那就要靠朋友。如何結交朋友？那就要善待他人，充分考慮到對方的利益。「千里難尋是朋友，朋友多了路好走……」

跟隨李嘉誠創業的「老臣子」盛頌聲，在談到長江實業的成功原因時說：

「靠李嘉誠先生的決策和長江實業同仁上下齊心苦幹。」

「李嘉誠先生做決策快又準，他這麼多年以來從沒有看錯過人，也沒有做過錯誤的決定。」

「長江實業盈利近10億港元。這麼大的生意，公司的工作人員總數不足兩百。」

「李先生每天總是早上8點多鐘到辦公室，過了下班時間仍在做事，公司同仁也都如此，這就使長江實業成為一家最有衝勁的公司。」

「事業有成之後，李嘉誠又儘量寬厚待人，使和他合作過的個人或集團，全賺得盤滿缽滿。這便奠定了長江實業今後更大發展的基礎。」

兢兢業業是一家公司興旺的基礎，而與合作者利益共同分享，更是李嘉誠一貫的做人待人準則。

李嘉誠的為人寬厚也反映在他為老家族人擴建祖屋這件事上。

其實，李嘉誠在打算修繕祖屋之前，首先想到的是家鄉的父老鄉親。

原來，一九七八年的秋天，李嘉誠是在百感交集中度過的，這一天李嘉誠應中共國務院之邀請，以港澳同胞國慶旅行團回國觀光的貴賓身分，到北京參加國慶紀念活動。

這是李嘉誠五十年的歷史中，有生以來第一次來到舉世聞名的北京首都，也是李嘉誠在闊別家鄉近四十年後，第一次踏上大陸的土地。

從十二歲開始，李嘉誠就在硝煙中離開大陸，對大陸應該說來一直是陌生的。他只是憑著兒時點滴的印象，及以後在海外盡可能聆聽或蒐集到的有關大陸，有關家鄉的各種資訊。可以肯定地說，在對待大陸的問題上，李嘉誠是極其細心，極其謹慎的。

非是緊要關頭或者相當相當的必要，從踏上大陸的第一步起，李嘉誠就給自己規定了一條少出風頭、不談政治的戒律。他兒時從父親的教誨和有關書籍中得到一些古訓，如「槍打出頭鳥」之類來明哲保身之語。

李嘉誠是懷著一顆疑慮重重的心，小心翼翼地回歸的。這時候的他並不了解中國，從回國的第一天起，李嘉誠穿上了一套非常得體的深藍色中山裝，戴著平素很少取下的黑色寬邊眼鏡，端莊的舉止，謙遜的作風，儼然一個君子學者的模樣。

李嘉誠這樣做，也許是不想與所到之處的周圍的人們在視覺上造成太大距離。畢竟，他不希望中國大陸把他看成一個張牙舞爪的資本家，或者從香港這個資本主義世界裡沖過來的洪水猛獸。秋天，是一年中最美最值得回味的季節，更是北京城一年中最美、最宜人、最有意義的季節。

當時的北京，正值中共十一屆三中全會召開後不久，全國各行業已開始撥亂反正、走上正軌，明確規定將全國工作重點轉移到經濟建設上來等一系列方針政策的時期，人們的精神面貌煥然一新。李嘉誠所到之處，都耳聞目睹那種充滿決心和信心的生機勃勃的景象，在短短幾天時間裡，他參加國務院僑辦招待會，出席人民大會堂萬人歡度國慶招待會，在首都體育館觀看國慶文娛晚會。他受到中共要人的親切會見，接下來他又參觀故宮、十三陵、遊頤和園、登萬里長城，在這個現代觀感與古都風情並存的城市裡，李嘉誠一直處於極度興奮、極度自豪、極度滿足的狀態之中。

這時候的李嘉誠，更加感覺到作為一個中國人的價值和意義，更加體會出他與這個國家，這個民族血脈相連的骨肉關係。也就是從這時候起，李嘉誠更堅定窮此一生，以報效祖國為己任的信仰。當一個國家、一個民族，經歷了一場史無前例的浩劫以後，即使是災難過後，即使一切都在復蘇之中，但是那種根植於心靈深處的傷口所迸發而來的許許多多的後遺症，是需要時間，需要投入大量人力、物力、財力來治癒的。

地少人多的粵東潮州市同整個中國一樣，仍無法逃脫這種滅頂之災，以及災難之後的後遺症。成千上萬個當年下放海南等邊遠地區接受改造和再教育的幹部、學生、知識份子在經過歷史荒唐地嘲弄一番之後，又一批一批的返回城市，成了無家可歸的「黑人黑戶」。處於百廢待興的政府，一時間當然沒有足夠的精力和財力來解決這麼多人的住房問題，於是以湘橋春漲、風台時雨、龍湫寶塔、金山古松、韓祠橡木、北閣佛燈、西湖泡筏、鱷渡秋風等潮州八景而馳名的歷史文化名城，又令人啼笑皆非地添上一景——那些無家可歸、露宿街頭的人們在潮州的西湖四周，韓江沿岸以及街頭巷尾，用破帆布，茅草所搭起的一間間、一排排蓬棚、帳幕。

一九七八年底，李嘉誠從家鄉的來信中得知鄉中這個十分迫切的社會問題，心裡非常不安，馬上提出捐建14棟「群眾公寓」，以解燃眉之急。在給家鄉的回函中，李嘉誠再三闡明此舉是「念及鄉間民房缺乏之嚴重情況，頗為關懷。本人雖身居海外，而鄉間之缺房戶口，棲息於臨時棚架之下，寒天或雨天，困難之處必多，故有考慮地方上該項計畫予以適當的支持。」

李嘉誠把這一切看作是他報效桑梓應盡的義務，是一次難得的機會，並且要求不做任何宣傳，他僅僅只「希望能為露宿者解除風露之苦。」

一九七九年，帶著難以抑制的渴望和無比興奮的心情，李嘉誠終於第一次回到他闊別整整四十年的故鄉。

一路上，李嘉誠全身心地感受著故鄉原野的田園風情，當他看到一些衣衫襤褸的父老鄉親們，仍舊像當年那樣居住在破舊的茅棚瓦舍裡的時候，心裡十分難受。

當天，在潮州市政府舉辦的座談會上，李嘉誠含著熱淚，感慨萬分地說：「我是一九三九年潮州淪陷的時候，隨家人離開家鄉的，到今已經有整整四十年了。四十年後的今天，我第一次踏上我思念已久的故鄉的土壤，雖然一路上我給自己做了心理準備，我知道僻遠的家鄉與燈紅酒綠的香港相比，肯定是有距離的，但是我絕對沒想到距離會是這麼大，就在我剛下車的時候，我看到站在道路兩邊歡迎我歸來的，我的衣衫襤褸的父老鄉親們，我心裡很不好受，我心痛得不想說話，也什麼都說不出來，說真的，那一刻，我真想哭……」

那夜，思緒萬千的李嘉誠怎麼也無法入睡，第二天他同隨行人員悄悄地離開了家鄉，因他再也不忍心看到衣服破舊，臉色蠟黃的鄉親們隆重的迎送場面。

李嘉誠回港後，所辦的第一件事情，就是為解決鄉親們露宿之苦，而捐贈了14棟「群眾公寓」。

那些人們，那些露宿於街頭巷尾無家可歸的人們，那些二家三代，一家四代瑟縮在蓬棚、帳幕之下苟且偷生的人們，在搬進窗明几淨的「群眾公寓」後，那種感激流涕的心情溢於言表。

一九八〇年初春，正當李嘉誠捐贈的「群眾公寓」一棟一棟建起的時候，一心想給家鄉做幾件實事的李嘉誠又主動寫信給家鄉政府部門，希望能夠給家鄉再做貢獻。

於是，家鄉有關部門提出了一個捐建潮劇院作為娛樂民眾和研究潮劇藝術中心的計畫。對這個計畫，李嘉誠自然欣然同意，但是他更希望做一些解決民生之苦的事情，他已經深深地體會出了目前他的家鄉急需的，恐怕不是娛樂，便再次去信給家鄉政府，闡明日後地方上如有其他方面之迫切需要而有整套計畫，例如醫療教育等，綿力所及，自當樂意考慮。

至此，家鄉政府才提出了在縣和市各修建一座醫院的建議，李嘉誠毫不猶豫地以最佳的方式採納了這個建議，耗資二千二百萬港元，捐建了潮州醫院和潮安醫院，並在給家鄉政府的信中懇切地希望醫院之籌建計畫力求完美，務使捐款一分一厘皆用於醫院。

兩座醫院建成之後，家鄉政府邀請李嘉誠回鄉參加剪綵，一直以沒沒無聞為做人宗旨的李嘉誠，馬上覆信表示：

「最好不舉行任何儀式：如舉行儀式，一則有勞列位費神籌備。二則虛耗公帑，對醫療福利，一無裨益。」

「本人平生宗旨，對大眾有利之事，能力所及，不遺餘力以赴，絕不為名，以絕不欲宣招。事情完善辦妥後，內心已感快慰。」

「有朝一日，不為人知，獨自前往醫院參觀，喜見病者接受完善治療，以及樂見病人康復出院，慰什心情，可以想像，遠勝於臨場剪綵多矣。」

無論在哪一個社會，哪一個時代，權勢和金錢毋容置疑地成為操縱人類，縱橫古今的神祕物。它既能拯救人也能毀滅人，它總是誘使人們投入畢生的精力，孜孜不倦地追求，並且在一旦擁有之後，所毫不遮掩地顯露出來的種種驕奢淫逸。從它誕生伊始，它就不可避免地成為根植於深層人性之中的惡之源，同時，也不可避免地成為檢驗善惡本身，體察性情的顯示器。

漂泊海外四十餘年的李嘉誠，十分懷念自己的故鄉，自己呱呱落地的祖屋。隨著時間的推移，李嘉誠重修祖屋，恢復家園的心願愈來愈強烈。

一九七九年籌建「群眾公寓」時，家鄉政府部門提出「優先安排其親屬入居」的建議，李嘉誠堅決反對，他在給家鄉的信中說：

「本人深覺款項捐出，即屬公有，不欲以一己之關係妨礙公平分配。」

在修復祖屋的問題上，李嘉誠小心謹慎的態度，以大局為重的處理方論無不可現出他的過人之處。平心而論，極富愛心、孝心的李嘉誠，何嘗不希望有一個優雅的居住環境，修復一座寬大舒適的祖屋，一則解決族人的居住問題，也能節省「群眾公寓」之分配單位，更多地安排其他缺房戶；二則聊表本人慎終追遠先祖之微願。

並且，家族內也有親屬提出原有祖屋面積過於窄小，族人居住多有不便，強調這樣的祖屋既與李嘉誠今日在香港之顯赫地位不相稱，又無法更完美地紀念李氏先祖之功德，紛紛希望擴大祖屋原有的面積。

在認真思考之後，李嘉誠決定不擴大面積。打算就在原有面積的基礎上建造一棟四層樓房，以供族人居住。他給那些深表疑惑的親屬解釋說：

「雖然目前要拿多少錢，擴充多大的面積都不是問題。但是要想一想，這樣做的後果必然會影響到左鄰右舍的切身利益，我們不能拿鄉親們的祖屋來擴充自己的祖屋，絕對不可以以富壓人，招致日後被人指責。」

說到這裡，李嘉誠十分激動，凝望著遙遠的天際，半晌才喃喃自語：「我相信這樣做，先祖是會理解的。」

2．別只把眼睛盯在錢上

「有些生意，給我多少錢賺，我都不賺，因為已經知道對人有害，就算社會容許做，我都不會做。」這既是李嘉誠做生意的原則，更是他做人的準則。

對於像李嘉誠這樣的成功者來說，他們奮鬥的目的早已經不是單純的金錢了，他們是在追尋一個夢想。這種夢產生的力量比單純為了獲得更多金錢帶來的力量不知要大多少倍。成功者之所以成功的原動力主要來自於對遠大抱負的追求。他們投入他們全部的熱情於自己喜歡的工作，任勞任怨，不計報酬地加班，主動去幹沒人幹的雜活。終於有一天，他們的熱情和勤奮得到了回報。

李嘉誠說：「一九五七年和一九五八年，我賺了很多錢，那兩年，我很快樂。」一年後，快樂換來迷惘，他想：有了金錢，人生是否就可以很快樂呢？左思右想，他終於想通了，「當你賺到錢，等有機會時，就要用錢，賺錢才有意義。」

李澤鉅則對人說：「爸爸是一個很懂得用錢的人，他知道生命裡哪些事情最重要。

當一個人從事他自己真正喜愛的工作時，他能非常輕鬆地比分內的工作做得更好，更多。

如果在他一生中，在教育和醫療方面，可以幫助不幸的人，會使他感覺更加富有。」

「若想竭盡全力獲得最後的成功，你應該去幹你感興趣的工作。」有許多成功的人是因為受某一目標或動機或某一個人物的影響而激起奮發圖強的鬥志的。對工作來說，有些工作是個人完全不喜歡的，讓他從事那種工作，簡直是一種摧殘。而有些工作是他稍微感興趣的，就算他被動地全身心地投入，也不會有什麼突出的表現，而且他還會感到異常疲憊。而有些工作是我們發自內心真正喜愛的。

因此我們必須尋找自己所真正喜愛的工作作為自己的終生職業。當你從事自己所真正喜愛的工作時，你會驚奇地發現，你感覺非常有趣，心情特別愉悅，你個人的潛能將會得到最大限度的發揮，能更為迅速、更為容易地獲得成功。

不管在哪種情況下，只要你用愛的情緒去從事一項你個人真正喜愛的工作，那麼這項工作的品質將會馬上得到改觀，效率也將急遽地提高，而工作所引起的疲勞程度反而會大幅度降低。

當一個人從事他自己真正喜愛的工作時，他能非常輕鬆地比分內的工作做得更好，更多。為了這個原因，每個人都應努力去尋找自己最喜歡的工作。

若想保持堅強的鬥志，你必須在工作中做得多過報酬，即我們常常說的任勞任怨、不計報酬去工作。

倘若你在工作中只從事自己分內的事，那麼你沒辦法爭取到人們對你有利的評價，你就會被人遺忘，你將會失去不少對你有利的機會。但是，當你從事超過你報酬的工作時，逐漸地，你的這些行動將會受到別人的關注，它將會促使和你的工作有關的一切的人對你做出良好的評價，你將獲得良好聲譽，那麼你就獲得了一個成功所必須的要素，將增加人們對你服務的要求，理所當然，在你周圍，就形成了一個良好的對你十分有利的人際關係氛圍。這是想獲得成功的人士所必須的素質。

因此，養成任勞任怨的性格，並持之以恆，你可能會獲得意想不到的好處。

一個人身處逆境，艱苦奮鬥，便能產生力量，這是大自然永恆不變的一項法則。那麼，倘若你做的工作遠比你所獲得的報酬更多、更好，那麼，你不僅表現了你樂於提供服務的美德，也因此發展了一種超常的技巧與能力，你將對你能夠非常輕鬆地勝任工作而心神愉快，進而會產生足夠的力量和勇氣，讓自己擺脫一切不利的生活環境，無往而不勝。

實際中，往往那些從事不計報酬的工作的人最後獲得的報酬更多，這也是一條成功者的經驗。不計報酬的工作一般是一些小事，但正是這些無酬小事往往更能體現一個人的品德，為從事它們的人贏得機會。一件非常不起眼的事也可能會讓一個人得到晉升。千萬別忘了「塞翁失馬」的警訓。

3．幫助別人成功自己就能成功

雖然說人們經常用「商場無父子」這句話，來形容競爭的無情，但李嘉誠卻相信幫助別人成功可以促進自己的成功，他說：「重要的是首先得顧及對方的利益，不可為自己斤斤計較。對方無利，自己也就無利。要捨得讓利使對方得利，這樣，最終會為自己帶來較大的利益。我母親從小就教育我不要占小便宜，否則就沒有朋友，我想經商的道理也該是這樣。」

那麼，如何才能贏得別人的信任呢？李嘉誠說：「你要別人信服，就必須付出雙倍使別人信服的努力。注重自己的名聲，努力工作、與人為善、遵守諾言，這樣對你們的事業非常有幫助。我生平最高興的，就是答應幫人家去做的事，自己不僅完成了，而且比他們要求的做得更好，當完成這些信諾時，那種興奮的感覺是難以形容的。因此，要有信用，令人家對你有信心。我做了這麼多年生意，可以說其中有百分之七十的機會，是人家先找我的。」縱橫商海數十年，李嘉誠做到自己與對手的「雙贏」。

相信人們沒有人不知道卡耐基的，他是美國著名的企業家、教育家和演講口才藝術家。在本世紀，卡耐基的演講口才藝術曾使億萬人獲益匪淺。僅在歐美地區，就有近二千個卡耐基演講口才訓練班，甚至許多地方出現了卡耐基演講口才俱樂部，影響和改變了無數人的生活與命運。在參加訓練的人們中，有著名作家、政治家、商界大亨、學者、大學生、職員，甚至還有幾位國家元首，可見其影響之巨，已滲透到社會的各個階層和各個方面。

有一位英國企業家在接受記者採訪時曾經這樣說：「當今成功人士，除了外星人，恐怕沒有誰沒有讀過卡耐基的書！」雖然這話不無誇大的成分，但卡耐基的書長期以來是全球的暢銷書，印刷量僅次於聖經，卻是不爭的事實。在如此眾多的卡耐基著作中，誰也難免有一本會落在自己的手中。

因此，卡耐基的學生無以計數，從中獲得收益而走向成功的人也是很多的，這些人的成功本身無疑能說明卡耐基的成功。如果這樣，卡耐基也不失為人類史上最成功的教育家之一，那樣的話我們在本書中肯定會以他的誨人不倦為例。但他的成功還不止於此，他比我們心裡所固有的成功模式還要成功得多，他不僅是一位偉大的教育家，更是一位少有的善於通過幫助別人成功的企業家，因為卡耐基始終堅信：「幫助別人成功自己也能成功。」

以訓練職員而論，恐怕無人能勝過卡耐基了。他先後重用了43個青年，他們原來的家境都很貧寒，但後來都成了百萬富翁。

卡耐基讓別人的才能得到了最大限度的發展，他自己是否受到了損失呢？沒有，相反他因此而締造了一個非常偉大的組織，比以往的任何組織都要強大得多，這可以說是他事業的紀念碑。他的成功最準確地詮釋了這樣一個真理：幫助別人成功，自己肯定能夠成功。

在卡耐基的生命中，友誼是重要的組成部分，他對朋友忠誠如一，對友誼極為尊重，因此，他也同樣贏得了朋友們的尊重和支持。他幫助了別人成功，反過來，別人使他獲得了更大的成功。由於篇幅的限制，我們在此只能從他眾多的朋友中選出一位來說明問題。

湯姆斯是由於需要解決一些問題而找到卡耐基的。由於所涉及的問題與卡耐基的課程內容有關，因此，他倆的相遇既為他們各自的事業又為共同的友誼打下了基礎。

一九一六年，卡耐基在學員們的幫助下，在卡耐基會館裡有了常設辦公室，並常常邀請畢業生前來演講，這成為他課程中的一大特色，因而總是吸引了大批的聽眾。

卡耐基的課程越來越精彩，於是學員人數穩定地成長。其中一名被吸引而來的正是普林斯頓大學演說系年輕教師羅威爾．湯姆斯。他們的相逢完全是出於偶然。

湯姆斯在普林斯頓大學時，為了賺取一些零用錢，接受了到普林斯頓一帶的地方俱樂部及社區中解說去年夏天訪問阿拉斯加情形的報告。

湯姆斯為完成這任務，需要為即將來臨的演說做準備，決定去紐約拜訪卡耐基。

正當湯姆斯準備前往紐約時，他接到了一封信，這封信使湯姆斯非常高興，原來是邀請他前往華盛頓區的史密斯桑尼，發表一篇以阿拉斯加為主題的演說。此項演說是為了配合美國內政部舉辦的「放眼美國」的活動。

內政部祕書長佛蘭克林熱情邀請湯姆斯，用配合圖示的方式，為眾議員介紹有關阿拉斯加的種種風土人情。雖然他的演說在區域性俱樂部中已取得相當的成功，他自己的內心也相當喜悅。但湯姆斯對於在史密斯桑尼為眾議員發表演說一事仍極為慎重。

他來到紐約，找到了卡耐基會館，那時卡耐基正在給學生們講解課程，那些睿智的語言和巧妙技巧的確吸引了這位年輕人。下課後，他徑直到了卡耐基常設辦公室裡拜訪卡耐基。當湯姆斯說明來意後，二人便交談起來。卡耐基憑直覺一眼就看出湯姆斯是個有為的青年，心中便覺得湯姆斯一定會成功，而且肯定會成為他事業上的好夥伴。

卡耐基是這麼描述他對湯姆斯的感覺的：我對他的印象非常深刻，因為那位年輕人的身上已具備了所有成功的必要條件，吸引人的性格、感染性的熱忱、驚人的精力以及無止境的雄心。

湯姆斯非常佩服卡耐基的熱忱和信心，卡耐基做事的明快果斷和合情合理也深深地吸引著他。卡耐基指導他將原本漫長的三小時演說去繁就簡刪到半個小時。兩人對於演說風格與內容都達成了一致的看法。

當湯姆斯離開卡耐基後，前往自己工作的法學院，立即建議在他的學生中施行卡耐基的看法，即要學生以自己的談話內容討論個人的經驗，這種建議重申了卡耐基公眾演說的哲學。卡耐基的訓練給湯姆斯帶來極佳的成果，湯姆斯當場被「放眼全美」的活動單位錄用。

一九一七年4月6日美國對德宣戰。佛蘭克林祕書長邀請湯姆斯隨一名攝影記者遊歷歐洲，報導戰況。

卡耐基與湯姆斯成功的合作，為湯姆斯贏得了聲望。湯姆斯的演說在史密斯桑尼發表之後成為全世界最熟悉的聲音。每個夜晚，百萬以上的美國家庭都聚集在收音機旁收聽湯姆斯的夜間報導。

第一次世界大戰結束後，整個美國在慢慢治療著自己的創傷。但戰後那段灰色情緒仍籠罩在人們心上，失業的人數越來越多，許多復元士兵開始上街遊行，要求增加為戰爭所付出的津貼。

卡耐基也參加了這場戰爭，服役了18個月，在他回來的那段時間裡，報名參加他的教學課的人數很少，因為人們都在尋找著自己的工作，領取救濟金。儘管戰後的情形並不令人滿意，但卡耐基心中那個事業的前景依然存在著。

有一天，卡耐基在晚飯後收到一封電報，電報是從倫敦拍來的，電報內容是湯姆斯想和他再次合作。這次合作，主要是卡耐基為湯姆斯服務。卡耐基比誰都更清楚地知道：朋友之間必須要有付出才能得到更豐厚的回報。

一九一九年，湯姆斯返回紐約市時，帶回了許多戰時在中東歷險和旅行的照片。他雄心勃勃地想以一種興奮、樂觀、激動的第一手資料表達方式，發表題為《與愛倫拜在巴勒斯坦及阿拉伯的勞倫斯》的演說。他的想法非常宏大也非常有成功的可能。

不過，湯姆斯雖擁有豐富的資料，但他仍需要一名能為他整理資料的人。在湯姆斯腦海中湧現出的第一個人便是卡耐基，這個曾經幫助他獲得巨大成功的真正朋友。

整個演說的第一場準備工作非常繁瑣。卡耐基、湯姆斯及其攝影師足足忙了幾個晝夜，辛勤地勞動著。特別是卡耐基，似乎又重新獲得了工作的熱忱，對生活更加充滿了信心。他忘我地工作著，以前抽煙喜歡用煙斗，現在把香煙點燃往嘴裡一塞，猛吸幾口，精神便又恢復過來。

第一場演出由卡耐基全權負責。前前後後的事務使卡耐基度過了幾個不眠之夜，終於把一切都準備好了。

功夫不負有心人，第一場演出取得了很大成功，倫敦的新聞界對此做了大量的報導。這是卡耐基生活中的一次新的嘗試。他心甘情願做朋友的助手，幫助朋友的事業取得成功。

他們開了一個小小的慶功會。湯姆斯端著一杯酒對卡耐基說：為我們的友誼而乾杯，為我的事業成功而乾杯！卡耐基舉杯回祝。

第一場演出就獲得成功，倫敦戲劇界甚至順延六週，以使湯姆斯能夠繼續演出。以後的演出更是吸引了觀眾，情況越來越好，湯姆斯吸引了許多群眾前往皇家阿柏爾特大廳。由於演講的轟動而引起倫敦許多市民前往觀看，甚至從英國其他城市也有不少人趕來觀看演出。卡耐基後來回憶說：「我看倫敦的群眾站著隊等候數小時，就是為了買票聽湯姆斯的演說，那種情形一夜接著一夜，一個月接著一個月地發生了。」

經過這次成功的洗禮，卡耐基和湯姆斯成了好朋友，他們的友誼出現在兩人事業上的困境時期，可以說是患難之交。而湯姆斯後來則運用自己的盛名為卡耐基銷售他的書籍和課程。

此後，卡耐基經常到湯姆斯家做客。湯姆斯的孩子都記得有一位友善、愉悅、一頭灰髮和戴著淡色鏡框眼鏡的慈祥長者，常來他家與他父親親切交談。他就是卡耐基。

卡耐基對友誼的感受是非常深刻的，而他對增進友誼的投入也是全身心的。我們可以設想，當一個人孤獨地在社會上生活，身邊沒有一個能夠信賴的朋友時，他的事業肯定不會成功。因此，我們有理由相信，卡耐基事業的成功固然與他自己的艱苦奮鬥分不開，但是，如果沒有朋友之間的相互支持和幫助，卡耐基的成功就不會如此輝煌。

要想成功，個人自身的素質、條件固然重要，但是如果沒有朋友的幫助和指點，你個人的才華將無法得到淋漓盡致的發揮，你也將無從達到事業的顛峰；而在朋友的幫助下，你就可以拓寬視野，開拓思路，從而使你的事業柳暗花明，近而蒸蒸日上，更上一層樓。我們可以從朋友們的身上吸取他們的優點和長處，借鑒他們成功的經驗和失敗的教訓，揚長避短，少走許多的彎路和岔路。這並不意味著我們只應一味地從朋友處索取，我們同時也應該向朋友袒露胸懷，真誠相待。尤其是當朋友處於困境時，我們更應該關心，更應該傾力相助，不計較個人的得與失，以期走出低谷，再創輝煌，達到共同進步，共同發展。

4・「給予本身就是幸福」

李嘉誠認為：「人不是神，不能不考慮自己的事。但是，只顧自己是不行的，雙方都要考慮到。要照顧對方的利益，這樣人家才願意與你合作，並希望下一次合作。」

洛克菲勒是有史以來第一位億萬富翁，也是美國歷史上最有爭議的企業家，是一個古怪、狡詐、多有創見、令人難忘的人物。他從小就信奉弱肉強食的強盜邏輯，恪守爾虞我詐的商戰奸術；他從不當急先鋒，而是在成熟的時機，冷酷無情地從別人手中奪取勝利的果實，常常心狠手辣地將對手連骨帶血地活吞進肚，人稱「吝嗇的冷面殺手」。他吝嗇的甚至向自己邀請來家做客的朋友收取住宿費。在他已成為億萬富翁時，仍向被邀請去他別墅住了一天的朋友要去10元的住宿費。他曾向祕書借5分錢打公用電話，歸還時祕書不好意思要，可他勃然變色申斥道：「5分錢是一塊錢的年利呢！」

洛克菲勒在33歲時賺到了第一個100萬美元。43歲時，他建立了世界上前所未有的最大壟斷企業——「標準石油公司。」但他在53歲時又怎麼樣呢？煩惱把他搞慘了，煩惱

和高度緊張的生活已經破壞了他的健康，他的頭髮全部掉光，甚至連眼睫毛也一樣，「看起來像個木乃伊。」

根據醫生們的說法，他的病是「脫毛症」，這種病通常是過度緊張引起的。他的頭部光禿禿的，模樣很古怪，使他不得不戴上帽子。後來，他訂製了一些假髮——每頂500美元。從此他就一直戴著這些假髮。

洛克菲勒的身體本來十分健壯。由於從小在農場長大，他的肩膀又寬又壯，腰杆挺直，步伐穩健有力。然而現在只不過才53歲，然而他的雙肩已經下垂，走起路來搖搖擺擺。做不完的工作，無窮的煩惱，長期的不良生活習慣，經常失眠，以及缺乏運動和休息，已奪去他的健康，使他挺不起腰來。他那時是世界上最富有的人，卻只能吃些甚至連窮光蛋都不屑一顧的食物。他當時每週的收入是100萬美元，而他所吃的食物每週兩塊錢就可以解決了——醫生只准他吃酸奶和餅乾。他的皮膚已失去了光澤，看起來像是老羊皮包在他的骨頭上，而金錢在這時候也派不上用場，只能為他醫治，使他不至於在53歲的壯年死去。

這是怎麼一回事？

煩惱、驚嚇、高度緊張的生活！是他把自己「推」到墳墓的邊緣。

洛克菲勒早在23歲的時候就全心全意追求他的目標。據他的朋友說：除了生意上的好消息以外，沒有任何事情能令他展顏歡笑。當他做成一筆生意，賺到一大筆錢時，他就高興得把帽子摔在地上，痛痛快快地跳起舞來。但如果失敗了，那他也隨之病倒。有一次他經由五大湖托運價值4萬美元的穀物，沒有投保，因為保險費太高了：150美元。那天晚上，暴風襲擊伊利湖，洛克菲勒十分擔心，恐怕他的貨物遭遇不測。第二天早上，當他的合夥人喬治・加勒來到辦公室時，發現他已在那裡正繞著房間焦急地踱步。

「快！」他發抖地說，「看看現在是否還可以擔保，如果不能的話，就太遲了！」加勒趕快衝到城裡去，取得保險，但當他回到辦公室時，他發現洛克的情況更糟了。這時，正好有一封電報來到：貨物已卸下，未受到暴風雨襲擊。但洛克反而比先前更沮喪，因為他們已「浪費」了150美元！他太傷心了，不得不回家去躺下來。

想想看，那時候他的公司每年經手50萬美元的生意，而他卻為150美元如此失魂落魄，甚至因此而躺倒。

他根本沒有時間遊玩，沒有時間休息，除了賺錢之外，其他時間全沒有了。

「缺乏幽默感和安全感」，這是洛克菲勒一生的特徵。他說：「每天晚上，我一定要先提醒自己，我的成功也許只是暫時性的，然後才躺下來睡覺。」

他手上已有數百萬美元可以任意支配，但他仍然擔心失去一切財富。怪不得憂慮會拖垮他的身體。他沒有時間遊玩或娛樂，從未上過戲院，從沒玩過紙牌，從來不參加宴會。誠如馬克·漢娜所說：「在別的事務上他很正常，獨獨為金錢而瘋狂。」

有一次，洛克菲勒在俄亥俄州向一位鄰居承認說：「希望有人愛我。」但是他過分冷漠多疑，很少有人喜歡他。摩根有一次大放怨言，聲稱不願和他打交道。「我不喜歡那種人。」他不屑地說，「我不願和他有任何往來。」

洛克菲勒的職員和同事對他敬畏有加。最好笑的是，他竟然也怕他們——怕他們在辦公室之外亂講話，「洩露了祕密。」他對人類天性沒有絲毫信心。有一次當他和一位獨立製造商簽訂10年合約時，他要那位商人保證不告訴任何人，甚至他的妻子也不行。「閉緊你的嘴巴，努力工作。」——這就是他的座右銘。

接著，就在他的事業達到頂峰之時——財富像維蘇威火山的金黃色岩漿那般，源源不絕地流入他的保險庫中——他的私人世界卻崩潰了。許多書籍和文章公開譴責「標準石油公司」那種不擇手段致富的財閥行為——和鐵路公司之間的祕密回扣，無情地壓倒其他競爭者。

但他最後還是發現自己畢竟也是個凡人，無法忍受人們對他的仇視，也受不了憂慮的侵蝕。他的身體開始不行了，疾病從內部向他發動攻擊，令他措手不及，疑惑不安。起初，「他試圖對自己偶爾的不適保密。」但是，失眠、消化不良、掉頭髮——煩惱和精神崩潰的肉體表徵——卻是無法隱瞞的。最後，他的醫生們把驚人的實情坦白告訴他：他必須在退休和死亡之間做一抉擇。

他選擇了退休。美國最著名的傳記女作家伊達・塔貝見到他時嚇壞了，她寫道：「他臉上所顯示的是可怕的衰老，我從未見過像他那樣蒼老的人。」

醫生們開始挽救洛克菲勒的生命，他們為他立下三條規則——這也就是他後來終生徹底奉行的三條規則：一、是避免煩惱。在任何情況下，絕不為任何事煩惱。二、是放鬆心情，多在戶外做適當運動。三、是注意節食，隨時保持半饑餓狀態。

洛克菲勒遵守這三條規則，因此而挽救了自己的性命。他從事業上退休，他學習高爾夫球，整理庭院，和鄰居聊天，打牌，唱歌。

但他同時也進行別的事。在那段痛苦的日子及失眠的夜晚，洛克菲勒終於有時間自我反省。他開始為他人著想，他曾經一度停止去想他有多少錢，而開始思索那筆錢能換取多少人的幸福。

簡而言之，洛克菲勒現在開始考慮把數百萬的金錢捐出去。有時候，這件事可真不容易。當他向一座教會學校捐獻時，全國的傳教士竟然齊聲發出反對怒吼：「我們不要腐敗的金錢！」

但他繼續捐獻，在他獲知密西根湖湖岸的一家學校因為抵押權而被迫關閉時，他立刻展開行動，捐出數百萬美元去援助它，將它建設成為目前舉世聞名的芝加哥大學。

他也盡力幫助黑人。像塔斯基吉黑人大學，需要基金來完成黑人教育家華盛頓·卡文的志願，他毫不遲疑地捐出鉅款。他也幫忙消滅十二指腸蟲，當著名的十二指腸蟲專家史太爾博士說：「只要價值5角錢的藥品就可以為一個人治癒這種病——但誰會捐出這5角錢呢？」洛克菲勒捐了出來。然後，他又採取更進一步的行動，他成立了一個龐大的國際性基金會——洛克菲勒基金會——致力於消滅全世界各地的疾病與文盲。

洛克菲勒深知全世界各地有許多有識之士，進行著許多有意義的工作：研究工作默默默進行，學校一所所建立，醫生致力於和某種疾病戰鬥。但是這些高超的工作，卻經常因缺乏資金而宣告結束。他決定幫助這些開拓者——並不是「將他們接收過來」，而是在他的金錢資助下，發現了盤尼西林，以及其他多種有益於人類的東西。

洛克菲勒開始變得十分快樂，完全不再煩惱。令人難以置信的是，像洛克菲勒這樣既節儉成性又貪得無厭的資本家，竟然成了美國歷史上最大的慈善家。他贊助的醫療教育和公共衛生是全球性的，他一生直接捐獻了5億多美元，他的家族的贊助超出了10億美元。一九一五年，洛克菲勒基金會成立中國醫學委員會，由該委員會負責在一九二一年建立了北京協和醫科大學，這所大學為中國培養了一代又一代現代醫學人才。他的贊助給慈善業帶來了一場革命。在他之前，富有的捐贈人往往只是資助自己喜愛的團體，或者遺贈幾幢房子，上面刻上他們的名字以顯示其品行高尚。洛克菲勒的慈善行為則更多地致力於促進知識創造和改善公共環境，其影響也更加深遠。

洛克菲勒死後，一位曾經審問過他的檢察官這樣評論：「除了我們敬愛的總統，他堪稱我國最偉大的公民。是他用財富創造了知識，捨此更無第二人。世界因為有了他而變得更加美好。這位世界首席公民將永垂青史。」

洛克菲勒終於有時間自我反省。他開始為他人著想，他曾經一度停止去想他有多少錢，而開始思索那筆錢能換取多少人的幸福。

洛克菲勒在53歲時「死」過一次，那是他魔鬼般前半生的結束，他雖然聚斂了億萬財富，但他是個失敗者。在他的後半生，他盡其所能資助慈善事業，並從中找到了幸福，獲得心靈的安寧。他一直活到98歲。

洛克菲勒用畢生的經歷悟出一個道理，那就是——「給予本身就是幸福。」

5．讓別人喜歡你

李嘉誠說：「做人最要緊的，是讓人由衷地喜歡你，敬佩你本人，而不是你的財力，也不是表面上讓人聽你的。」

有一個女孩子，臉型不對稱，長著一雙小眼睛，嘴巴很大，身材也不怎麼樣。要是在一般的女孩子看來，這樣的外貌會使自己變得孤僻、憂鬱、悲觀、失望，與人難以相處。但是當她意識到自己不能靠難看的容貌和身材贏得人們的歡心時，就開始在性格方面下功夫，以致克服了自己身體上的缺陷，更沒有任何心理障礙。誰都知道，她很自愛，也沒有人因她的相貌而排斥她。當她與你說話時，你會為之傾倒，她身上會有一種說不清的東西在打動著你。這樣的氣質比美貌更吸引人，它是良好心境的自然流露。

這是一種真正的美，是來自內心深處的美，不像那些流於表面的美，稍一經歲月，就只剩下空殼和蒼白，沒有絲毫的吸引力。來自心靈的美，是不會隨著時間的消逝而凋謝的，它不像外表的美貌那樣維持不了多長時間，而這種美恰恰只有在相貌平常的女孩子身上才容易找到。內在的美麗，在你步入老年時仍能顯示其光彩；換言之，只要擁有開朗的心境、快樂的情緒和飽滿的熱情，你就依然年輕。不管你的相貌多麼平常，努力培養心靈的美吧！它能體現出你的精神之美，時間老人無法讓它消蝕。內在的美，也可以讓你周圍的人受到感染，從中受益。

這種自然流露出來的親和力的真正價值無法計算。試想，一個人生活的每一個角落，都似噴灑了香水一樣清香迷人。他所到之處，都能帶來歡樂和愉悅，在他出現的地方，就沒有鬱悶，沒有失望，只有普照的陽光。就像太陽升起時，黑暗會遁去一樣，受到這種美的薰陶，任何粗魯與野蠻也會悄然消失……如果你總是微笑著面對生活，不但讓你贏得友誼，助你事業有成，而且對日常生活也有著難以評估的積極作用。

我們不妨想想：你平常最習慣面帶什麼樣的表情？是尖酸刻薄、怒氣沖沖還是蔑視

李嘉誠說：「做人最要緊的，是讓人由衷地喜歡你，敬佩你本人，而不是你的財力，也不是表面上讓人聽你的。」

一切？是冷漠淡然還是不耐煩？是粗暴還是貪得無厭？在與自己的下級和同事相處時，是反覆無常還是略帶憂鬱？或者，你總是面帶微笑地樂於助人？其他人是以笑臉迎接你，還是一見你就避之惟恐不及？如果有人一見你就渾身不自在，那簡直太不幸了。

人們每天面帶什麼表情生活，是關乎自己與他人的大事，我們絕不能等閒視之。

有一位替羅斯福作傳的人說：「羅斯福是人人見了便喜歡的，他的語言是抒情式的、不太準確的、直白的，但是非常滑稽、幽默、引人發笑。他很容易與別人相處。」

羅斯福從西部巡迴演說回來後，在華盛頓和威廉・麥金利在一起相處了一個早晨。當天晚上，他和裁判官洛森說：「今天早晨我和麥金利談了兩個鐘頭。我相信他非常喜歡我。」

洛森回答說：「你確實有一種魔力，便是你無論對什麼人，只要談5分鐘的話，沒有不使他喜歡你的。」

羅斯福帶著疑惑的神氣，面帶微笑地說：「的確，我相信凡是肯和我談5分鐘話的人，我也沒有不喜歡他的。」

這個近代最可愛的人所說的這句話，可以說是道出了一個人可愛的根本祕訣。如果你想在私人方面引人喜愛，你首先必須去喜歡別人。設法使別人以為你是喜歡他們是不夠的——你要真正地喜歡他們。花費許多時間去決定你是否喜歡某人，也是沒有必要的。最初，你可以採取博愛的態度，喜愛你身邊的每一個人，即便後來因為深知的緣故而改變了你的態度。

想使別人喜歡你的惟一方法，便是你先去喜歡別人。進一步說，你去喜歡別人，必須是出乎真心，而不是因為你想讓他們喜歡你，才這樣做。

凡是那些說喜歡別人，而別人並不喜歡他的人，他喜歡人的動機往往是出於一種交易的性質，「我和你交換親熱。」抱這種動機去喜歡人，多半是得不到多大效果的。

如果在你去喜歡人的時候，並沒有存一種他們是否喜歡你的心思，你一定會驚異地發現他們確實喜歡你，覺得你很可愛。如果矯揉造作，佯裝可愛去討他們的歡喜，你也會發覺他們會看穿你的用心反而不喜歡你。

如果你能喜歡別人，你的行動讓別人感受到愉快，就說明你養成了一種可愛的特性。如果你的所有行動的目的就在於故意把你的本領或特長顯示給別人看，這就說明你還是和一個六歲的小孩一般見識。像這種顯示本領的方法，對於一個六歲的孩子來說確

實不失為一種聰明，但是，對於一個成年人來說就不能說是一種「聰明」，而應該說是一種「滑稽」了。

衡量一個人可愛程度的標準在於：如果你真的很可愛，那麼，別人和你交往一段時間之後，就會對人說起：「那個人真有趣，我很喜歡他。」

如果他們的評價是：「他難道不是很可愛嗎？」這就說明他們的話裡面帶有一種懷疑。他們真正的印象是：「他的行為舉止還算不錯，他的整個人從外表來看還過得去，但是就不知他的內心真正何如了。」

一個人如何才能喜歡上別人呢？這其實很容易。只要你經常與別人在一起相處，仔細地觀察他們、感受他們的喜怒哀樂，關心他們所從事的事情——不要採取一種當局者的態度，而應該抱有一種同情的態度。去和他們談天說地，和他們一起遊玩，與他們融為一體。如果你真正懂得了別人，你就不會不喜歡別人了。如果你不能真正理解他們，無論你如何假裝怎麼怎麼喜歡他們，也還是不會真正喜歡上他們的，也就不能真正得到別人的喜愛。

你要喜歡別人，就要去仔細地研究他們、觀察他們，對於他們的興趣、嗜好、希望、懼怕等等，都要瞭若指掌，而且你對於這些東西都應當表現出很重視的樣子。

不要把自己抬得很高。或許會有極少數的人喜歡抬起頭來看你，但是絕大多數人是不喜歡那些需要仰目而視的人的，而絕大多數人對你而言，永遠是最重要的。

6.「我的錢來自社會，也應該用於社會」

一九九五年8月，中央電視臺主持人稱李嘉誠為香港首富，李嘉誠道：「不，我跟你講：所謂首富大家都明白，是一個錯誤。在香港比我有錢的人不少，我不可以講他們的名字，然而香港人都明白。但，富要看你的做法，是怎樣富的？如果單以金錢來算，我在香港第六、七名還排不上。我這樣說是有事實根據的。但我認為，富有的人要看他是怎麼做。照我現在的做法，我自己內心感到滿足，這是肯定的。」從這段話中看出，李嘉誠並不在乎首富這頂桂冠，他更看重自己高尚的做人。

李嘉誠有中華民族優秀的傳統美備和價值觀。他認為「人生的最大價值在於無私的奉獻」，「人的一生應該為國家、民族和人類做一些高尚有益的事情」，「為年青一代創造一個更加美好的明天」，「一個人當他在生命的最後幾分鐘，想到曾為國家、民族、社會做過一些好事時也就心滿意足了。」

李嘉誠正是從他這個基本的人生觀世界觀價值觀出發，實踐自己的人生信條。他對香港社會福利事業的種種貢獻，顯示了他具有高尚的人格力量和博大的愛心。

李嘉誠秉承著「達則兼善天下」的古訓和家訓，關懷香港社會的教育文化、醫療衛生、社會慈善福利事業。他認為在香港有兩種人最值得尊敬、關心和鼓勵。一種是教師，他們在做著「傳道、授業、解惑」的工作，一般來說，教師的生活都比較辛勤和清淡。更由於李嘉誠的父親做過教師，深知當老師的甘苦。所以，他特別尊敬老師，也特別重視和關心教育事業。

同時，他也深知當員警的甘苦，因為他們是維護社會治安的。他們忠於職守，出生入死，辛勤工作，廉潔奉公，香港社會的繁榮發展與安定，有他們一份不可磨滅的功勞。他們也很值得尊敬關心和愛護。李嘉誠從一九七七年開始，先後給香港大學、香港中文大學、香港大學孫中山基金會、香港大學「學生交換計畫」、香港中文大學的「三年碩士課題」、「夏鼎基爵士基金」、香港語言運動、法國國際學校、新華社香港分社教育基金以及明愛中心、聖士提中學、聖保羅男女學校、東華三院李嘉誠中學、香港外展訓練學校、迦密中學、三育小學、勞工子弟學校、姬爵士獎學金以及員警子弟教育基金、員警教育福利基金等21個專項提供無私捐贈0.54億港元。

李嘉誠對香港醫療事業的熱心捐獻，也廣為香港市民所稱道。在一九八四年6月間開業的沙田威爾斯親王醫院——李嘉誠專科診療所，就是李嘉誠捐贈0.3億港元興建的。港督尤德主持了該專科診所開幕典禮。這間診所樓高4層，擁有49間檢查及診療室和整套現代化的醫療儀器設備。尤德說：「這座新專科診所是香港當局擴展新市鎮醫療服務區計畫中重要的一個環節。李嘉誠為此做出了貢獻。」

一九八七年李嘉誠在香港還捐資0.5億港元興建了在跑馬地等的三間老人院。一九八八年至一九八九年李嘉誠還捐資0.12億港元興建兒童骨科醫院，並對亞洲盲人基金、香港腎臟基金、東華三院都有可觀的捐贈。這方面總額超過1億港元。

李嘉誠熱心捐贈醫療事業，做到「老吾老以及人之老，幼吾幼以及人之幼，親吾親以及人之親，痛吾痛以及人之痛。」一是基於他對「體之健康，益於社會」的深刻認識；二是他痛感昔年父親因失之貧窮和醫治不及而過早辭世的切身之痛，早已在青年時期就立志當發達之日，一定要發展醫療事業造福社會的夙願。

李嘉誠對香港的社會福利和文化藝術事業也十分關心和熱心，多有捐贈。在這方面捐贈的項目，包括有香港公益金、員警福利基金、懲教處福利基金、消防署福利基金、麥理浩基金、鄧堅慈善基金、尤德爵士基金、香港女童軍、聖雅各福群會、扶康會、香港路德社會服務處，皇家香港警務處退役同僚協會有限公司、香港皇家員佐級協會、星島報業、在港的多間潮州機構以及香港文化藝術基金、香港芭蕾舞學院、合一堂、香港管弦樂團、香港經濟發展協會有限公司、香港基本法諮詢委員會寫字樓等25個，捐資數超過1億港元。

李嘉誠先生還捐資助建香港的佛教堂、基督教堂、天主教堂等等。

至於李嘉誠在香港不時扶危濟困、撫恤孤寡的事例，更是不勝其數。他只是默默地做著好事，從不張揚。

李嘉誠說過：「我的錢來自社會，也應該用於社會。」、「我已不再需要更多的錢，我賺錢不是只為了自己。為了公司，為了股東，也為了替社會多做些公益事業。把多餘的錢分給那些殘疾及貧困的人。」據悉，他還有一本「私帳」，那是「扶危濟困、撫恤孤寡、幫助親朋」的帳本。逢年過節或者一月一季，他的手下就會按名字、位址、數目寄去款項。李嘉誠對寄發對象、寄發時間、寄發數目有一個清晰記憶。對這件事，他就像在履行「義務」那樣認真地去做著。

從一九七七年以來，李嘉誠每年都以「匿名」方式，用一億元港幣，幫助香港和大陸發展醫療教育事業。

當然，也不要誤解李嘉誠揮金似土。他是精明細緻的，是很講「錢」如何用得有意義，有社會效益的。他是絕不允許「奢侈」和「浪費」的。因此，眾多的香港市民也誇獎李嘉誠「會用錢，會使錢。」

李嘉誠深知，在商品經濟的激烈競爭的現代社會裡，「沒有錢是辦不成事的」，但「金錢卻也不是萬能的」、「對有些地方、有些事，就是有了錢也並不能解決問題的。」因此，他多次說過：「我生平最高興的，就是我答應幫助人家去做的事，自己不僅是完成了，而且比他們要求的做得更好，當完成這些承諾時，那種興奮的感覺，是難以形容的……」

7．「不怕沒生意做，就怕做斷生意」

李嘉誠做人最講究誠心，以一顆真誠的心對待別人。他不僅經常講：「不怕沒生意做，就怕做斷生意。」而且遇到問題總是首先站在對方的立場考慮。

李嘉誠對於誠信的追求已經近乎執著，他反覆告誡下屬：「你要別人信服，就必須付出雙倍使別人信服的努力。」而他在平時的行為中，也是以身作則，得到別人的信服。為了建立良好的信譽，李嘉誠不惜自己吃虧。他曾說過：「有時你看似是一件很吃虧的事，往往會變成非常有利的事。」

在創業的第五年，李嘉誠準備付運一批塑膠玩具給外國客戶，但對方在最後一刻突然要求取消訂單。當時李嘉誠並沒有向對方要求賠償，並認為自己生產的貨品，不愁銷路，所以這次的損失他沒有向對方追討，並向對方表示，日後若有任何生意，我們可以建立更好的關係。這次事件過後不久，一九五七年初的一天，突然有個美國客戶登門到來，訂了很多塑膠產品，原來該公司的一位高級職員，認識以前突然取消訂單的那位外國客戶，並由他介紹前來找李嘉誠的，說李嘉誠的公司不僅很有規模，而且信譽特別良好。李嘉誠以自己的誠實做人，為自己帶來了滾滾的財源。

如果說處於順境時講誠信還好理解的話，那麼處於逆境之時，許多人就很難繼續堅持其誠信了，正所謂「良心喪於困地也」。然而，李嘉誠的誠信卻能堅持一貫之。

他在一九九八年接受香港電臺訪問時說道：「在處於逆境的時候，你要自己問自己是否有足夠的條件。當我自己處於逆境的時候，我認為我夠！因為我有毅力……始終堅持以誠信待人，肯建立一個信譽。」所以，他十七歲時已知道自己將來會有很大機會開創事業。他當時便是抱著這個堅定不移的信念。李嘉誠後來的經商經歷也證實了這句話，每當事業出現挫折時，他都可以憑藉自己良好的誠信做人，順利渡過難關，或者改變被動局面。

人不可能永遠不犯錯誤，李嘉誠認為一旦犯了錯誤，就要用真誠去求得別人的原諒。因為，真誠的心是最容易打動人的。

創業初期的李嘉誠年少氣盛，急於求成，一味追求數量，而忽略了企業信譽的關鍵——品質。所以，創業不久，一帆風順的李嘉誠遭到當頭棒擊，長江塑膠廠遭到重大

挫折。

首先是一家客戶宣布李嘉誠的塑膠製品品質粗劣，要求退貨。緊接著多米諾骨牌效應出現，接二連三的客戶紛紛拒收長江塑膠廠的產品，還要長江廠賠償損失！

倉庫裡堆滿因品質欠佳和延誤交貨退回的玩具成品。索賠的客戶紛至遝來。還有一些新客戶上門考察生產規模和產品品質，見這情形扭頭就走。

屋漏偏逢連夜雨。銀行知悉長江塑膠廠陷入危機，立即派員催還貸款。全廠員工人人自危，士氣低落。黑雲壓城城欲摧。長江塑膠廠面臨著遭銀行清盤、遭客戶封殺的生死存亡的嚴峻局勢。

品質就是信譽，信譽是企業的生命。李嘉誠竟然鑄成如此大錯，他深為自己盲目冒進痛心疾首。李嘉誠在母親的開導下，痛定思痛，以坦誠面對現實，力挽狂瀾。

李嘉誠的第一招是「負荊拜訪」。首先要穩定內部軍心，這是企業能否生存的前提條件。因此，李嘉誠向員工坦率地承認自己的經營錯誤，並保證絕不損害員工的利益，希望大家同舟共濟，共度難關。

李嘉誠言出必信，因此，員工的不安情緒基本得到穩定，士氣不再那麼低落。

後方鞏固之後，李嘉誠就一一拜訪銀行、原料商、客戶，向他們認錯道歉，祈求原諒，並保證在放寬的期限內一定償還欠款，對該賠償的罰款，一定如數付帳。

李嘉誠坦言工廠面臨的空前危機——隨時都有倒閉的可能，懇切地向對方請教拯救危機的對策。李嘉誠的誠實，得到他們中的大多數人的諒解。大家都是業務夥伴，長江塑膠廠倒閉，對他們同樣不利。在李嘉誠的誠心感召下，銀行、原料商和客戶一致放寬期限，使李嘉誠贏得了收拾殘局、重振雄風的寶貴時間。

李嘉誠的第二招是立即普查庫滿為患的積壓產品，將其分門別類、選好汰劣，然後集中力量推銷，使資金得以較快回籠，分頭償還了一部分債務，解了燃眉之急。

李嘉誠的第三招是利用緩衝的喘息機會，對工人進行技術崗位培訓，同時籌款添置先進的新設備，以保證品質。

就這樣，經過李嘉誠百般努力，在銀行、原料商和客戶的諒解下，終於一步一步地捱過劫難。到一九五五年，長江塑膠廠出現轉機，產銷漸入佳境。被裁減的員工全部回廠上班，並且，李嘉誠還補發了他們離廠階段的工資，令他們感恩至深。

一九五五年的一天，李嘉誠召開全廠員工大會。他宣布：「我們廠已基本還清各家

的債款。這表明，長江塑膠廠已走出危機了。」聽到這裡，員工們歡聲雷動。

然後，李嘉誠噙著熱淚向全廠員工深深地三鞠躬，感謝大家在長江廠最困難的時候同心協力。之後，李嘉誠親手給全廠每一個員工分發紅包。

災劫和磨難可以使某些人一蹶不振，甚至將其徹底摧毀。而另一種人，卻從中汲取動力，成為向上攀登的臺階。就如一塊好鋼，越淬火，越堅硬。李嘉誠無疑屬於後者。

經過這次挫折和磨難，李嘉誠更成熟了。正是這次反向的動力，促成李嘉誠由一個餘勇可沽、穩重不足的小業主迅速蛻變為一個成熟的商人。後來，李嘉誠甚至說道：「我有今天的成就，是因為有那一次挫折作為基礎。」

這次磨難後，李嘉誠就為自己立下了做人與做生意的座右銘，並且成為一生的行動準則：這就是：「穩健中尋求發展，發展中不忘穩健。」

商場如戰場，有時候自然少不了短兵相接。在李嘉誠身處逆境時，一些同行廠家企圖乘機搞垮長江塑膠廠。「誠」在李嘉誠的事業中再一次發揮了重要的作用。

原來，一些同行雇用一些人到長江塑膠廠拍照，企圖用揭短的反面宣傳使長江廠信譽掃地。果然，他們的照片在報章上發表，鏡頭中是長江廠那破舊不堪的廠房。

李嘉誠自然知道這種反面宣傳會使長江廠再度瀕臨絕境，於是，他決定用誠心去打動客戶，充分利用這種免費宣傳反敗為勝。

李嘉誠拿著這份報紙，背上自己的產品，走訪了香港上百家代銷商。

李嘉誠很坦誠地對他們說：「不錯，我們尚在創業階段，廠房比較破舊。但請看看我們的產品，我相信品質可以證明一切。我歡迎你們到我們廠實地考察，滿意了，再向我們訂購。」

代銷商們被李嘉誠的誠懇以及他的優質產品打動，同時敬重李嘉誠有這樣靈敏的商業頭腦，果然就到長江廠參觀訂貨。

精明的李嘉誠適時借助了這場惡意宣傳帶來的反作用力，為長江廠做了一次相當實惠的廣告宣傳。長江廠的訂單越來越多。

李嘉誠在香港塑膠花市場搶灘成功之後，馬上將他的目光瞄準了世界最大的歐美市場。在當時那種特定的歷史條件下，要進入歐美市場，一般都要通過香港當地的洋行代理。李嘉誠開始也接受過一些本地洋行的訂單。但是，李嘉誠在交易過程中，深深感到被人牽著鼻子走，十分被動。他決意拋開中間商，直接與歐美的客商交易。

災劫和磨難可以使某些人一蹶不振，甚至將其徹底摧毀。而另一種人，卻從中汲取動力，成為向上攀登的臺階。

李嘉誠了解到，境外的批發商也有這個意願，只是彼此都沒有搭上線。於是，李嘉誠一方面派出得力的行銷幹將徑赴歐美，另一方面，對境外來港的批發商採用搶先接待的辦法溝通合作。繞過了中間商，李嘉誠牢牢地掌握了主動權。直接從歐美批發商手中取得訂單，價格上雙方都得到了實惠。

然而，由於資金不足、設備短缺等方面的原因，長江公司的生產規模受到限制。李嘉誠惟恐再陷入前幾年的被動局面，不敢放手接受訂單。該如何突破資金的「瓶頸」呢？李嘉誠陷於苦惱之中。

李嘉誠首先想到的是銀行貸款，然而銀行許可的貸款額度只能應付流動資金。當時，各大公司都在千方百計地想獲得銀行的支援，而像長江這樣的小企業，難以獲得銀行的大筆貸款。

就在李嘉誠為拓展歐美市場而為資金犯愁的時候，一個意想不到的機遇來到了。有一個歐洲的大批發商，看到李嘉誠派赴歐洲的推銷員帶去的樣品，對長江廠的塑膠花很感興趣，立即飛抵香港。

這位批發商來到位於北角的長江公司，對李嘉誠讚不絕口：「比義大利產的還好。

我在香港跑了好幾家，就數你們的款式齊全、質優物美。」

接著，要求參觀長江公司的工廠。來到工廠後，批發商非常驚奇地發現，這麼漂亮的塑膠花，竟然是在如此簡陋的工廠裡生產出來的！

為此，這位批發商說：「我們早就看好香港的塑膠花，無論品質還是品種，都處於世界先進水準，而價格還不到歐美產品的一半。我是打定主意來訂購香港塑膠花的，而且希望大量訂購。我也看到了，以你現有的生產規模，根本滿足不了我需要的數量。李先生，恕我直言，我知道你在資金方面有一些問題，但你的優質產品確實吸引了我，所以我們可以先做生意，但你必須找一個實力雄厚的公司或個人來擔保。」

李嘉誠知道這位批發商的銷售網遍及歐洲最主要的市場——西歐和北歐。更深知，能與他結成生意夥伴，對長江公司有多重要的意義。可是，找誰擔保呢？儘管擔保人不必給被擔保人出資，但卻要承擔被擔保人違約的風險。被擔保人一旦無法履行合同，或者喪失償還債務能力，風險就落到了擔保人的頭上。雖說當時塑膠花的市場前景非常好，加上李嘉誠的信用和能力，風險可說是微乎其微，但他竭盡努力，還是沒有找到擔保人。

用真誠去打動對方，這是李嘉誠的做人處世準則，也是一種經商的良好策略。

曾有一篇文章，這樣記述了李嘉誠尋找擔保人的艱難：「在香港這個認錢不認人的社會，金錢關係更勝於至親摯友關係。『求人如吞三尺劍』李嘉誠為貸款而找親戚擔保，最終卻碰了一鼻子灰。受此挫折，他沒有怨天尤人，反而這樣說：『替人擔保，只有風險，沒有利益，換了我，恐怕也不會這麼做』。」

李嘉誠儘管沒有找到擔保人，但只要還有一線希望，他就不會放棄，並且就要全力以赴去爭取，這正是李嘉誠的性格；用真誠去打動對方，這是李嘉誠的做人處世準則，也是一種經商的良好策略。

於是，李嘉誠決定最後賭一把運氣。他和設計師一道通宵達旦地趕製出9款樣品，期望以此打動批發商，做成這筆生意。若不成，就當禮品送給批發商做紀念，爭取下一次合作。機遇是不會經常出現的，但既然出現，李嘉誠是絕對不會輕易放棄的。本來，批發商的意向是訂購3種產品，李嘉誠則每種設計了3款，分別是花朵、水果和草木。並於第二天一大早，將樣品親自送到該批發商下榻的酒店。

批發商大為讚賞這9款樣品，聲言是他所見到過的最好的3組，尤其是對那串紫紅色葡萄，更是愛不釋手。望著李嘉誠通宵未眠熬得通紅的雙眼，批發商心裡便明白了一切。他拍拍李嘉誠的肩膀說：「李先生，這九款樣品，是我所見到過的最好的一組，我簡直挑不出任何毛病。我欣賞你的辦事作風和效率，我們開始談生意吧？」

按約定，李嘉誠必須有擔保人親筆簽字的信譽擔保書。無奈之下，李嘉誠坦率直言說：「承蒙您對本公司樣品的厚愛。我和我的設計師花費的精力和時間，總算沒有白費。我想您一定知道我內心的想法，我是非常非常希望能與先生做生意。然而，我又不得不坦誠地告訴您，我實在找不到殷實的廠商為我擔保，非常抱歉。」

批發商似乎早就料到了這一點，他望著李嘉誠，並未做出太多的反應。

李嘉誠覺得還有希望，就用非常自信而執著的口氣說：「請相信我的信譽和能力，我是一個白手起家的小業主，在同行和關係企業中有著較好的信譽。我是靠自己的拼搏和同仁朋友的說明，才發展到現在的規模。先生您已考察過我的公司和工廠了，大概不會懷疑本公司的管理水準及產品品質。因此，我真誠地希望我們能夠建立合作夥伴關係，並且是長期合作關係。儘管目前本公司的生產規模還滿足不了您的要求，但我會盡最大的努力擴大生產規模。至於價格，我保證是全香港最優惠的。我的原則是做長期生意，薄利多銷，互利互惠。」

李嘉誠的這番肺腑之言和他的經商原則深深打動了批發商，批發商相信自己的判斷，他確定合夥人是一個誠實又深富潛力的年輕人。於是，他微笑著對李嘉誠說：

「李先生，你奉行的原則，也就是我奉行的原則，我這次來香港，就是要尋找誠實可靠的長期合作夥伴，互利互惠。李先生，我知道你最擔心的是擔保人。我坦誠地告訴你，你不必再為此事擔心了，我已經為你找好了一個擔保人。這個擔保人就是你自己。你的真誠和信用，就是最好的擔保。」

接下來，談判在輕鬆的氣氛中進行，很快簽了第一單購銷合同。按協議，批發商提前交付貨款，基本解決了李嘉誠擴大量生產的資金問題。同時，這位批發商又主動提出將一次性付清貨款，足見他對李嘉誠信譽及產品品質的充分信任。

這次合作的成功使長江公司從此在香港塑膠行業站穩了腳跟，並且有了競爭力。

8．知恩圖報，以善從商

「知恩圖報，以善從商」，既是李嘉誠商業生涯的準則，也是他做人處事的一條基本準則。即使後來在股市上要風得風、要雨得雨，李嘉誠始終恪守善意收購的原則，從不強人所難。他總會將刀光劍影化作和風春雨，皆大歡喜。以至於有人戲稱，要挫敗李嘉誠的收購計畫很簡單，只要說一聲「我不願意」就可以了，他絕對不會強人所難的。

李嘉誠之所以能在為人處事中堅信「善有善報，惡有惡報」，與他早期職業生涯的一段經歷有關。

一九四二年秋天，剛剛14歲的李嘉誠在舅父的幫助下，在港島西營盤的春茗茶樓找到一份堂館兒的工作。他必須每天凌晨5點之前趕到茶樓，為客人準備茶水茶點。每天工作都在15個小時以上。

舅父送了一個小鬧鐘給他。李嘉誠就把鬧鐘撥快10分鐘，最早一個趕到茶樓。這個習慣保持了半個多世紀。直到今天，李嘉誠的手錶始終是永遠快10分鐘，成為商界交口讚譽、津津樂道的美談。

茶樓是一個濃縮的社會，三教九流，無所不容。李嘉誠絕不放過這個了解社會，學習社會的絕佳場所和機會。他在努力幹好每一件事的同時，給自己定了兩門必修功課。其一是時時處處揣測茶客的籍貫、年齡、職業、財富、性格等等，然後找機會驗證。其二是揣摩顧客的消費心理，既真誠待人又投其所好，讓顧客在高興之餘掏腰包。

李嘉誠對顧客的消費需要和消費習慣瞭若指掌。如誰愛吃蝦餃、誰愛吃燒賣、誰吃腸粉加辣椒、誰愛喝紅茶、綠茶、什麼時候上什麼茶點，李嘉誠心中有一本帳。

能贏得顧客並能讓顧客乖乖掏錢，自然也獲得老闆的歡心。李嘉誠是春茗茶樓有史以來加薪最快的堂館。

茶樓也是一個生意資訊場所，李嘉誠從茶客的談話中暗自學到了許多做生意的訣竅。自覺養成觀察人的習慣，對李嘉誠日後成為一個出類拔萃的推銷員，打下了深厚扎實的基礎。李嘉誠就是這樣一步一個腳印地走向富豪的巔峰。然而，就是在這家茶樓，出現了一次令李嘉誠終生難忘的「飯碗危機」。

一天，一位生意人在大談生意經，李嘉誠聽得入迷，竟忘了伺候客人茶水。待聽到大夥計叫喚，才慌裡慌張地持茶壺為客人倒開水，結果不小心灑到茶客的褲腳上。

李嘉誠進茶樓是頂一個小夥計的空缺。該小夥計犯的是李嘉誠同樣的過失。活該那個小夥計倒楣，那茶客是黑社會師爺。老闆不敢得罪這位「大煞」，逼小夥計下跪請罪，然後當即責令他滾蛋。

李嘉誠情知不妙，嚇得一臉煞白，呆若木雞。老闆立即跑過來，正待斥責李嘉誠，不料那生意人茶客卻為李嘉誠開脫說：「不怪他，是我不小心碰了他。」

茶客走後，老闆對李嘉誠說：「我知道是你把水淋了客人的褲腳。以後做事千萬得小心。萬一有什麼錯失，要趕快向客人賠禮，說不定就能大事化小。這客人心善，若是惡點，不知會鬧成什麼樣子。開茶樓，老闆夥計都難做。」

母親知道後，說：「菩薩保佑，客人和老闆都是好人。」她又告誡兒子，「種瓜得瓜，種豆得豆」；「積善必有善報，作惡必有惡報。」

李嘉誠再也沒見過那位好心人，他成為巨富後對友人說：「這雖然是件小事，在我看來卻是大事。如果我能找到那位客人，一定要讓他安度晚年，以報他的大恩大德。」

中華民族素來講究「和為貴」，「和氣生財」，「善有善報，惡有惡報。」善心佛性為李嘉誠樹立了良好的形象，生意滾滾而來。「知恩圖報，以善從商」這一做人處世準則在李嘉誠的經歷中隨處可見。

比如，後來作為推銷員的李嘉誠成為五金廠的第一等功臣，深受老闆器重。但是，一次推銷遭遇戰的落敗，使李嘉誠看到了鍍鋅鐵桶的窮途末路以及塑膠製品的蒸蒸日上。於是，他決定「跳槽」。

推銷鐵桶的李嘉誠與推銷塑膠桶的塑膠公司老闆在酒店不期而遇。李嘉誠使出渾身解數投入爭奪，但塑膠桶輕而易舉就獲勝了。從不輕易言敗的李嘉誠，第一次感到自己的徹底失敗，而且敗得毫無還手之力。不過，李嘉誠清醒地認識到，這次遭遇戰敗的不是他李嘉誠，而是鍍鋅鐵桶。

果然，不打不相識。塑膠公司的老闆慧眼識英才，十分賞識這個17歲少年的推銷才能。人到中年的老闆真誠地對少年李嘉誠說：「這場遭遇戰，你輸了給我。但關鍵在於，是塑膠桶贏了白鐵桶。」這位老闆誠心誠意邀請「手下敗將」李嘉誠去喝晚茶，與他交朋友。

晚上，李嘉誠輾轉難眠。塑膠工業在二十世紀40年代中葉興起於歐美發達國家，就全球而言，當時都屬於新興的產業。李嘉誠分析其特性，塑膠製品易成型、品質輕、色彩豐富、美觀適用，還是木質和金屬製品的替代物，發展潛質巨大。

李嘉誠著手調查價格行情時發現，塑膠製品以其昂貴的價格作為富人階層的奢侈品只是極短的時間，塑膠製品的價格一直在大幅度下跌。價廉和物美是它的兩條優勢，有這兩條塑膠製品大行其市勢在必然。於是，李嘉誠毅然決定加盟塑膠公司，進入新興的一派生機的塑膠行業。

這一高瞻遠矚的眼光，奠定了李嘉誠成為全世界「塑膠花大王」的基石。假如沒有這一超前的眼光，李嘉誠的商業歷史也許就會重寫。我們在這裡清楚地看到成功人士在關鍵時刻把握機遇的能力和氣魄。真龍終非池中物，也體現在李嘉誠對行業的選擇上。

李嘉誠對五金廠的老闆深懷感激，但他不忍將自己埋沒在沒有多大前途的五金行業，而選擇了蓬蓬勃勃的塑膠業。但是，李嘉誠知恩圖報。他對五金廠的老闆提出了自己的看法。

李嘉誠的觀點是：辦企業重要的是審時度勢。五金廠要麼轉行做前景看好的行業；要麼就調整產品門類，佔領塑膠製品不能替代的空檔。塑膠用途雖然廣泛，但在替代金屬製品方面卻不是萬能的。

李嘉誠走了。當時，老闆並沒有聽取李嘉誠的建議。果然，五金廠一度奄奄一息，瀕臨倒閉。重情重義的李嘉誠，得知這個消息後，專程回到五金廠找到老闆。建議老闆立即停止生產鍍鋅鐵桶，而改為生產鐵鎖。

原來，李嘉誠一直關心著五金廠的前途。一來他要暗自驗證自己的眼光，二來五金廠待他不薄，他卻跳槽而去，心中總有歉疚，總惦記著找機會報答。因此，他一直在方便的時候不忘了解著五金製品的市場行情。他掌握了鐵鎖緊俏的資訊，另一方面，還沒有哪一家五金廠專事生產鐵鎖，不存在其他同業的競爭。據此李嘉誠斷定，生產鐵鎖穩保紅火。

為了保證穩步領先，還應計畫系列開發。否則，只要一發現有利可圖，其他五金廠就會一齊湧上這條道，競爭會很激烈。只有永遠先人一步推出新產品，才能穩操勝券。

這一次，五金廠老闆信服了李嘉誠，言聽計從。一年後，一度愁雲慘霧籠罩的五金廠煥發了勃勃生機，盈利豐厚。五金廠老闆和員工對李嘉誠的為人佩服得五體投地。

9．做人要恪守承諾，決不要失信於人

李嘉誠從踏進商海的那一天起，對信譽就非常堅執，他曾經多次說過：「一生之中，最重要的是守信。我現在就算再有多十倍的資金也不足以應付那麼多的生意，而且

很多是別人主動找自己的，這些都是為人守信的結果。對人要守信，對朋友要有義氣，今日而言，也許很多人未必相信，但我覺得『義』字，實在是終身用得著的。」

李嘉誠十四歲喪父，今日的成就完全是依靠自己千辛萬苦掙出來的。因此李嘉誠深深體會到，只有磨練，方知做人、做事的艱辛，溫室裡的幼苗是不能夠茁壯的，他帶兒子去看外面的困難，讓他們去領會人生的艱辛，帶他們坐電車坐巴士，又跑到路邊報紙攤，看那一邊賣報紙一邊還在溫習功課的小女孩，讓他們知道什麼才是求學態度。他帶著兩個兒子，從身邊大眾身上去接受、領悟人世的坎坷，去品味該如何去做人。

每當星期天，李澤鉅、李澤楷兩兄弟必定會跟父親出海暢遊這已是多年的習慣，像一日三餐不可或缺。也許大家感到奇怪，不就出海嗎？人人都會，人人都去。但是，他們出海暢遊的目的，在於他們要協力上演的一幕「壓軸好戲」。

據李嘉誠所言：「他們一定要聽我講話。我帶著書本，是文言文的那種，解釋給他們聽，然後問他們問題。我想，到今天他們亦未必看得懂，但那些是中國人最寶貴的經驗和做人宗旨。」

不論在生活上或是工作上，一個人的信用越好，就越能夠成功地打開局面，做好工作。同時也能更好地駕馭眾人。你必須重視你自己所說的每一句話，生活總是照顧那些說話算數的人，食言是最不好的習慣。如果這樣，你就無法取信於人，更無法管理威懾眾人。

不管你在什麼情況下辦什麼事，總要對自己所說的負責。你用自己的行動來說服別人的異議，讓他們看到你所關切的都是為了他們的利益。這樣，你就給人一個可信的面孔，接下來你的工作就順利多了。

李嘉誠認為：要想取得別人的信任，你就必須做出承諾，而且在做出每一個承諾之前，都必須經過慎重的考慮和審查。一經承諾之後，便要貫徹到底，即使是中間有困難，也要堅守諾言。

李嘉誠曾經說過：「一個企業的開始意味著一個良好信譽的開始，有了信譽，自然就會有財路，這是必須具備的商業道德。就像做人一樣，忠誠、有義氣，對於自己說出的每一句話、做出的每一個承諾，一定要牢牢記在心裡，並且一定要能夠做到。」他是這麼說的，也是這麼做的。

很久以來，李嘉誠一直念念不忘自己創業，擁有自己的一方商業天地。終於，他辭別塑膠公司的老闆，準備自己創業。

老闆在幾年與李嘉誠的相處中，深深了解李嘉誠終究不是池中之物。老闆也是個善人，他甚至覺得，李嘉誠在自己手下，實在是委屈了。於是，老闆約李嘉誠到酒樓，設宴為他餞行。

李嘉誠十分感動，同時帶著他內心的歉疚，坦誠地向老闆和盤托出自己的計畫。他說：「我離開你的塑膠公司，是打算自己也辦一間塑膠廠。我難免會使用在你手下學到的技術，也大概會開發一些同樣的產品。現在塑膠廠遍地開花，我不這樣做，別人也會這樣做。不過，我向你保證，我絕不會把一個客戶帶走，絕不用你的銷售網推銷我的產品。我會另外開闢銷售線路。」

雖然是在商言商，李嘉誠依然是重義輕利，一諾九鼎。後來，李嘉誠創辦了自己的塑膠廠。果然，有不少李嘉誠原來在塑膠公司發展的客戶轉來與李嘉誠合作。但李嘉誠無一例外地謝絕了，並且一再強調他原先打工那間塑膠公司的實力和對自己的深情厚意，希望這些客戶繼續與塑膠公司保持往來關係。李嘉誠的真誠使這些客戶感動，找到李嘉誠的大部分客戶又繼續與塑膠公司做生意。

20多年後，由於一九七三年世界石油危機的衝擊，香港塑膠業出現了史無前例的原料大危機。已經是潮聯塑膠業商會主席的李嘉誠，掛帥救業。同時，將自己公司的庫存原料撥給那間塑膠公司，「把自己的恩公」從倒閉的邊緣挽救回來。

已經年過花甲的塑膠公司老闆噙著熱淚說：「我沒有看走眼阿誠的為人。」

李嘉誠不光在做生意中取信於人，而且在生活中的方方面面，都特別注意不失信於人。有一件小事，最能說明李嘉誠的說話算話，從不失信於人。

李嘉誠回憶說：「50年代，我初做塑膠花的時候，皇后大道中有間公爵行，我常去那裡接洽生意。我經常看見一個四、五十歲很斯文的外省婦人，雖是乞丐，但她從不伸手要錢。我每次都會拿錢給她。有一次，天很冷，我看見人們都快步走過，並不理會她，我便和她交談，問她會不會賣報紙，她說，她有同鄉幹這行，於是，我便讓她帶同鄉一起來見我，想幫她做這份小生意。

「時間約在後天的同一地點，而客戶偏偏在前一天提出要到我的工廠參觀，客戶至上，我也沒辦法。於是在交談時，我突然說了聲：『Excuse me』，便匆匆跑開。客人以為我上洗手間，其實我跑出工廠，飛車跑到約定地點，途中，超速和危險駕駛的事都做了，但好在沒有失約，見到那婦人和賣報紙的同鄉，問了一些問題後，就把錢交給她，她問我姓名，我沒有說，只要她答應我一件事，就是要勤奮工作，不要再讓我看見她在香港任何一處伸手向人要錢。事畢後，我又飛車回到工廠，客戶正在著急，他說：『為什麼在洗手間找不到你？』我笑一笑，這事就過去了。」

由於受到傳統的中國文化的影響，李嘉誠始終把「誠信」作為他做人的一條基本準則。他一生都是這樣做的，也是這樣來教育兩個兒子的。

一九九〇年初，李嘉誠把仍在外國的兩個兒子召返香港，打算讓他們留在身邊，傳授做生意之道。他對兒子說的最多的一句話就是：「注重自己的名聲，努力工作、與人為善、遵守諾言，這樣對你們的事業非常有幫助。」

李嘉誠對誠信異常堅執。試想，李嘉誠對於一個素味平生的乞丐婦人，而且還是為了幫助對方，竟然不顧正在接待被他視為「上帝」的客戶而飛車赴約，做人守信到如此地步，世上又有幾人能夠做到呢？

做人講誠信，做企業更應該講誠信，誠信就是企業的生命。企業對員工、客戶、社會都要有誠信，沒有誠信的企業將不能持久。以前幾年所謂的「十大經典策劃」為例，

他對兒子說的最多的一句話就是：「注重自己的名聲，努力工作、與人為善、遵守諾言，這樣對你們的事業非常有幫助。」

某商場以拒售索尼彩電為由頭，大肆進行新聞炒作，理由是索尼對某消費者所購問題彩電賠付不滿意。拋開當時的各種因素不談，如果讓時間「說話」，事實是索尼在中國消費者心目中仍是高科技進口家電的代表，而當時出盡風頭的該企業卻逐漸出現銷聲匿跡的態勢。

投機鑽營做不成百年企業，「口水戰」的風光掩蓋不了事實的「商業欺詐」，抓住極個別的偶然現象，否定索尼的全部，了解真相的消費者也不同意。

靠打擊詆毀競爭對手，以對手的更壞來證明自己更好，不但有悖誠信經營，也是很不明智的。令人遺憾的是，有些商家仍在拿自己的信用當兒戲，為了和對手搞價格戰，報紙上打出價格很低的商品，等消費者蜂擁而至，卻沒有貨銷售。更有甚者，為了營造所謂商業氛圍，個別專營商家竟然明令員工家屬排隊烘托生意火爆的氣氛，藉以吸引和欺騙顧客。這些將誠信當兒戲、愚弄消費者的企業，不僅自己丟了信譽，更是使整個社會的誠信基礎受到破壞。

在美國，信用有污點的人不能貸款、做老闆，找不到好的工作。有一位在中國教公共英語的老外，自己編了一本參考書，到考試時其他老師劃重點他沒有，而是讓同學們學參考書的最後一課：關於誠信。聽說中國學生考試作弊，他說打死了也不相信，因為一個民族靠作弊是不能強大的。作弊是最大的失信，因為生活本身就會懲罰沒有誠信的人，而且要嚴厲得多。你的信譽價值連城，怎麼捨得用一點考分把它出賣了呢？

社會進步了幾千年，商家重提「質優價廉」、「童叟無欺」的古訓，確實有回到起點的感覺，但消費者作為群體是最聰明和有識別力的。為了增強社會的誠信度，商業企業更要重視建設自己的誠信形象。消費者滿意是商業企業發展的動力，只有對消費者誠信，消費者才能忠誠於企業，進而培養出企業的忠實顧客群。

全球最優秀的企業之一美國通用電氣公司，不僅把誠信看作企業的外在形象，更將誠信作為崇高的道德理念和無價的資產，將其看得高於一切，甚至視為企業的生命。在通用，沒有人會因為失掉一個地區或一個錯誤而失去工作，人們會有第二次、第三次機會，並且可以得到培訓。惟一有一種表現是沒有第二次機會的，那就是違反誠信。

日前，國內知名的經濟倫理學專家共同對中國加入ＷＴＯ後的道德挑戰進行了深入探討。專家認為，經濟全球化進程中的競爭，說到底是道德素質的競爭；如何培養全民的經濟德性應對入世，已成為迫在眉睫的任務。

靠打擊詆毀競爭對手，以對手的更壞來證明自己更好，不但有悖誠信經營，也是很不明智的。

道德素質的競爭，對商業企業而言，就是講求誠信經營。首先要建立自己有誠信的人才隊伍，提高全社會對整個商業的消費信心；第二是建立和完善全社會的信用體系，擴大整個社會的信用消費，提高消費品質及規模。

物物經濟，貨幣經濟，再到信用經濟，是經濟社會發展的三個重要階段。推廣誠信建設，是個人、企業更是全社會的當務之急。在這場全社會的「誠信」大戰中，李嘉誠的「守信」似乎更能給世人以諸多有益的啟迪。

第3章

永遠要有積極的心態

做生意一定要同打球一樣，
若第一杆打得不好的話，在打第二杆時，
心更要保持鎮定及有計劃，這就並不是表示這個洞會輸。
就好等同做及生意一樣，有高有低，身處逆境時，
你先要鎮定考慮如何應付。人生自有其沉浮，
每個人都應該學會忍受生活中屬於自己的一份悲傷，
只有這樣，你才能體會到什麼叫做成功，什麼叫做真正的幸福。

——李嘉誠如是說

如果你以積極心態發揮你的思想，並且相信成功是你的權利的話，你的信心就會使你成就所有你所訂立的明確目標。但是如果你接受了消極心態，並且滿腦子想的都是恐懼和挫折的話，那麼你所得到的也都只是恐懼和失敗而已。在身體的缺陷、出身的卑微、前進中的「天災人禍」等面前，持消極心態的人怨天尤人，自甘頹廢，不是逃避，就是厭世。但是，有積極心態的人，從來不會失去生活的樂趣，迎難而上，終成正果。李嘉誠正是這樣一個在任何情況下都保持積極心態的「超人」。

1．積極的心態是成功的關鍵

有這樣一個故事：說的是有歐洲的兩個推銷員到非洲去推銷皮鞋。因為天氣炎熱，非洲人一直都是赤著腳。第一個推銷員看到非洲人這個樣子，馬上失望起來，他想：「這些人都赤著腳，如何會要我的鞋呢？」於是他不再努力。而另一位推銷員看到非洲人都赤著腳，則不禁驚喜萬分，在他看來：「這些人都沒有皮鞋穿，這皮鞋市場就大了。」於是想盡一切辦法，引導非洲人購買皮鞋，最後他竟然是滿載而歸。

這個世界上，人們都在時時刻刻盼望著實現自我的人身價值，人們都在企盼著發財致富，企盼著事業的成功。而成功的征途有如攀登一座金字塔，最後能登上成功的金字塔頂的人是鳳毛麟角，而處在半途以及塔底的人肯定是多數。站在了成功巔峰的人活得充實、自信、瀟脫，失敗而平庸的人則過得空虛、艱難。

儘管成功的機會面前人人平等，可為什麼會是這樣的結果呢？

有許多人包括研究成功的專家先後對此現象進行過探討，加之傑出成功者的自我總結，得出了令人十分驚訝的結論：成功的人和不成功的人的心態，尤其是他們在關鍵時刻的心態的差異，決定其各自的命運與事情的結果。

實際上，在我們的日常生活中，失敗而平庸的人占多數的主要原因就是心態有問題。一碰到困難，他們往往挑選最容易的方式，甚至從原來的地方倒退。總是說：我不行了，我還是退卻吧。結果讓自己陷入失敗的深淵。

成功人士與失敗人士的不同就在於成功人士有積極的心態，而失敗人士則習慣於拿消極的心態去面對人生。成功的人士，大都以積極的心態支配自己的人生，他們始終以積極的思考、樂觀的精神和輝煌的經驗來支配和控制自己的人生；失敗的則往往是被過

成功的人和不成功的人的心態，尤其是他們在關鍵時刻的心態的差異，決定其各自的命運與事情的結果。

去的各種失敗和疑慮引導支配，他們空虛猥瑣，悲觀失望，消極頹廢，所以最終走向了失敗。

以積極心態支配自己人生的人，往往有積極奮發、樂觀進取的心態，他們能積極樂觀地正確處理人生遇到的各種困難、矛盾和問題，以消極心態支配自己人生的人，心態悲觀、消極、頹廢，他們不願也不敢積極地解決人生所面對的各種問題、矛盾和困難。

有的人總喜歡說，他們現在的境況是其他人造成的，環境決定了他們的人生位置。這些人常說他們的想法無法改變。但實際上，他們的境況根本不是周圍環境造成的。歸根結底，怎樣看待人生，由你自己決定。

然而成功的要素其實掌握在你自己的手中。你究竟能飛多高，並非完全由你的某些其他的因素所決定，而是由你自己的心態所決定。保持積極健康的心態，可以為所有期望獲得成功者提供源源不斷的動力，李嘉誠的成功再次驗證了這一點。

回味一下自己的經歷，不難發現幾種簡單的情況：你如何對待生活，生活就如何對待你；你怎樣對待別人，別人就怎樣對待你；你在一項任務剛開始時的心態，就決定了你最後將有多大的成功，這是最關鍵的因素；在所有重要組織中，你的地位越高，你就越能找到最佳心態。

因此，你的環境——心理的、感情的、精神的——完全由你自己的態度來創造。

當然，任何一種單一的方法都不能保證你凡事心想事成，只有當積極的心態和其他的成功要素相互之間緊密結合後，才能讓你達到成功的彼岸；反之，堅持消極態度的人則一定會失敗。

有誰見過整天牢騷滿腹、委靡不振、消極頹廢的人能夠取得不斷的成功的？就算碰運氣能取得暫時的成功，其成功也只能是曇花一現，轉瞬即逝。

其實，我們每個人都有著「積極的心態」和「消極的心態」的兩面：積極心態使人登峰造極；而消極心態使人終身陷在谷底，就算爬到巔峰，也會被它拖下來。

那麼，心態是怎樣影響人的呢？它是借助行動來體現，同時又得到加強的。

比如，你有一個信念，就是你能夠很好地完成自己承擔的工作，這時你會覺得在工作中很有信心，你總是這樣想，並在實踐中想方設法去做好工作，信心就會更強。這就是你的行動加深了你的心態。

又比如，你欣賞一個人，你喜歡他，你就會主動與他溝通交往。接著，你就會繼續

積極心態使人登峰造極；而消極心態使人終身陷在谷底，就算爬到巔峰，也會被它拖下來。

發現這個人的優點，從而更喜歡他。這是情緒和行為相應的一種反應。同樣，對你自己也一樣。你很喜歡自己，或者你壓根兒就不喜歡自己，其情形也會是相同的。

當一種心態存在以後，你的行為就會加深這種心態。當你自認為自己有能力的時候，你就會覺得各方面只要經過自己努力就不會失敗。

松下幸之助，現代商界的一位傳奇式的人物，一八九四年出生在日本和歌山縣，自小家境困窘。他上學到小學4年級就被迫輟學，開始打工謀生。第一次世界大戰期間，開始創立自己的實業。他的企業從一個三人的小作坊起步，經歷了半個世紀的拼搏，發展成為擁有職工2.5萬人的跨國集團。在幾次大的經濟危機的衝擊下，許多企業倒閉，而他卻穩穩地站住了腳跟。從他的一生可以看到日本現代工業發展的軌跡。

世人大多只看到了松下今天的風光，卻很少去關注他在創業伊始所經歷的挫折和壓力是常人難以忍受的（儘管他及時把握住了創業的絕佳時機）。然而，他還是堅持住了，以積極的心態和精神戰勝了一切困難和失敗。

一九一〇年，17歲的松下幸之助進了大膠電燈股份有限公司，當了一名安裝室內電線的練習工。

第一次世界大戰，歐洲成為戰場，物資奇缺，日本的產品就成了搶手貨，不管什麼，都能賣得出去。這就大大地刺激了日本工業的迅速發展，國內工商企業像雨後春筍般地生長起來。

松下幸之助也毅然辭職開辦企業。他的兩位老同事森田延次郎和林伊三郎是他的支持者，加上他的妻子和內弟井植歲男，一共只有五個人，就這樣辦起了工廠，生產設想中的改良電燈燈頭。

一開始產品無人問津，出師不利，兩位夥伴都自謀生路去了，幸之助夫婦和內弟仍苦苦地支撐著。從一九一七年4月13日起到一九一八年8月4日，幸之助共十幾次將他夫人的衣服、首飾等物送進當鋪抵押借錢。

然而，就在他幾乎絕望之際，曾經是合作者之一的森田延次郎給他帶來了一個好消息：有一家北川電器器具製造廠對他的產品感興趣，看過樣品之後，要訂購一千個電扇底座。

夫婦倆和年幼的內弟一起投入緊張的生產，大約10天工夫，完成了全部訂貨。不

松下幸之助以「高於他人的品質，低於他人的成本，優於他人的服務」為宗旨，使他的企業走上了穩步發展壯大的軌道。

久，幸之助收到貨款160元，扣除成本，獲毛利80日元，基本收回了當初開業時的投資。

第二年年初，又接到二千個底座的訂單。幸之助意識到必須擴大規模，小小的家庭作坊已經顯得太小了，於是決定搬遷到大開町，租賃了一座新建的兩層樓房，樓上住家，樓下當工廠。從此，松下電器股份有限公司的前身——「松下電器器具製造廠」誕生了。

初嘗成功喜悅喜悅後的松下幸之助，沒有因以前的不順利而原地踏步，也沒有就此滿足，他的心裡想得更多更遠。幸之助充分利用他的發明創造才能，緊緊抓住「研製新產品，開拓新市場」環節，以「高於他人的品質，低於他人的成本，優於他人的服務」為宗旨，使他的企業走上了穩步發展壯大的軌道。

二十世紀60年代，日本人以前想也不敢想的電視機、電冰箱、洗衣機開始進入普通人的家庭，這標誌著一個消費革命時代的到來。在這場「革命」中，松下電器公司理所當然地擔當了主角。雖然同行競爭激烈，但松下電器畢竟是在戰前就打下了牢固的基礎，而且在企業管理方面更是採用了歐美的先進經驗，產品不停地更新換代，品質和價格都佔有優勢；加上松下幸之助高明的銷售手段，自然能力挫群雄，戰勝同行，企業在這個時期進入高速發展階段。

一九六八年，恰逢松下電器公司成立50週年，這個具有紀念意義的一年裡，公司的銷售額為四千六百七十一億日元，銀行存款超過一千八百億日元。算起來，每天可獲得1億日元純利。松下電器公司一躍而成為日本電器製造業霸主。

那麼，如何保持積極的心態，使自己的事業朝著既定的目標順利進行呢？李嘉誠和松下的成功給世人提供了最好的答案：

首先，必須認識到你和其他人一樣在心態上具有兩面性，既有「積極」的一面，又有「消極」的一面。在生活和事業中，不要使用消極心態，而要努力使用積極心態。

其次，要樹立「你是對的，則世界就是對的」的信念。一旦你認為自己能行，那麼你就一定能行。

第三，要認識到控制自己的心態在積極的狀態的意義。時刻牢記，消極心態是失敗、疾病與痛苦的源流，但積極心態是成功、健康與快樂的保證！切記，你的心態決定了一切成功，無論情況如何，都要抱著積極的心態，莫讓你的沮喪取代了你的熱情。

一個人一旦在生活中老是尋找消極的東西，那麼消極心態就會成為一種難以克服的習慣，這時即使出現好機會，這個消極的人也會看不見抓不著，他會把每種情況都看做一種障礙，一種麻煩。

積極的人總是把挫折當成成功的基礎，並將挫折轉化為機會；消極的人則總是把挫折當成成功的絆腳石，讓機會悄悄溜走。我們常說的無所用心便是如此。實際上，消極心態不但會產生兩種主要後果，而且還具有傳染性。

毫無疑問，跟非積極心態者相處久了，你就會受他的影響。時常和具有非積極心態的人接觸，你就會像接觸到原子輻射，倘若輻射劑量小，時間短，你還能活，持續輻射就會要命了。另外，非積極心態還限制了人的潛能。

第四，通過具體可行的途徑培養自己的積極心態。有些人與生俱來就是個「樂天派」，另一些人則必須經過學習才會擁有積極的心態。一般情況下，人們都是能夠培養並發展積極的心態的。例如：使自己的言行舉止像你希望成為的人一樣；必須具有必勝、積極的想法；用美好的感覺與目標去影響別人；讓你遇到的每一個人都感到自己很重要，是被需要的；隨時心存感激之情；學會稱讚他人；學會微笑；四處尋找最好最新的觀念；放棄那些瑣碎的小事；培養一種奉獻精神；永遠要認為什麼事都是有可能的。

第五，立即行動起來吧。經常用這些話來提醒自己：人的心神所能構思而確信的，人便能完成它。保持這樣一種積極而健康的心態，今天一名不文的你，也許就是明天的李嘉誠第二。

2．用熱忱激發超常的動力

「做事投入是十分重要的。你對你的事業有興趣，你的工作一定會做得好。」這是一九八一年3月7日李嘉誠接受香港電臺節目「珠璣集」主持人的採訪時所說的一段話。當時，主持人問李嘉誠的成功，有多大部分是靠運氣時，李嘉誠雖然並不否認時勢造英雄這一點，但他後來卻再次強調說：「今日我再坦白一點說，最初創業時幾乎百分之百不靠運氣，是靠工作，靠辛苦，靠能力賺錢。當時之所以能夠視吃苦為樂事，主要就是來自於全心全力投入的熱忱。」

現代管理學家普遍認為，一個企業要想獲得成功，就一定要使企業內的員工得到激

做事投入是十分重要的。你對你的事業有興趣，你的工作一定會做得好。

發，但要員工們得到激發，作為企業領頭人的老闆，首先要做到自我激發。因為一個連自己都不能自我激發的老闆，很難想像他能激發他的員工。而激發人們最好的方法，就是保持極高的熱忱。

愛默生說過：「有史以來，沒有任何一件偉大的事業不是因為熱忱而成功的。」成功的企業家，通常都會自覺不自覺地善於用一種超乎想像的熱忱，孜孜不倦地追求自己心中的目標。對此，李嘉誠解釋說：「如果你從事這個行業，你對這個行業卻沒有興趣，你的興趣在另一行，但你並沒有去從事那個行業，你是不會成功的。」

李嘉誠在少年的時候就不斷地用出人頭地的熱忱激發自己，在事業有成之時，仍然不斷激發自己，努力不懈。他曾經這樣回憶說：「力爭上游，雖然辛苦，但也充滿了機會。我們做任何事，都應該有一番雄心壯志，立下遠大目標，用熱忱激發自己幹事業的動力。我十七歲時已經知道自己將來會有很大機會開創事業，因為我一直抱著堅定不屈的信念。」

如果說起步階段容易保持高昂的熱忱的話，那麼功成名就之後如何保持持續不斷的熱忱，香港媒體記者曾這樣問李嘉誠：「你今天的生活環境已經是相當富裕，並沒有任何壓力。你為什麼還在拼命工作呢？」

李嘉誠這樣回答說：「這就說來話長了。簡潔地說，主要有四大原因，其一，我十二分地理解那些生活在底層的人們，很想賺一些錢，做一些善事，幫幫他們；其二，我愛讀書，卻因為窮，沒法完成學業，實現我心中的理想，所以我很想多賺一些錢，去幫助那些心有大志而力所不及的窮人的子女，有了更多的錢，才方便在教育上更好地發展；其三，我永遠不會忘記我父親因為沒有錢買藥而失去生命的情景，所以我很想再多賺一些錢，去幫助那些被病魔纏身的人，去不斷地發展人類的醫療事業；其四，這也是一種非常有意義的挑戰，今天的社會是一個講求實力的競爭激烈的商業社會，而且，錢是永遠賺不完的，你要賺錢就必須利用你的膽識去面對或者接受這種挑戰。你看我隨便一說就有四大壓力，我的壓力其實大得很哪！」

總而言之，李嘉誠仍然是用熱忱激發自己對事業的不懈追求。

此外，面對挫折和困難時，李嘉誠並不像一般人那樣，失去了奮鬥的熱忱。相反，李嘉誠越是在困難的日子，越能夠咬緊牙根，充滿熱情地打破困境，闖出一番新境界，他持續不斷的源動力，來自於他從小所受的磨難。

李嘉誠說：「如果你從事這個行業，你對這個行業卻沒有興趣，你的興趣在另一行，但你並沒有去從事那個行業，你是不會成功的。」

對此，李嘉誠曾經這樣說：「以哲學的角度而言，事物都是發展的。人的志向是由兒時的夢想到以後成長中的實際情況，也是一個縱向發展的過程，這其中就涉及到兩個環境：其一是你自己的理想所造就的；其二是現實生活所給你的。這兩個環境就是你無法抗拒的，他們相互鬥爭的過程，也是磨練你意志的過程。就拿我自己來說，童年的時候，父親教育我要學習禮儀或遵守諾言，而我呢，也受到父親的薰陶，自小便很喜歡念書，而且很有上進心。那時候，我就暗暗地發誓，要像父親一樣做一名桃李滿天下的博學多識的教師。但是後來環境一改變，貧困的生活迫使我孕育一股更為強烈的鬥志，就是要賺錢。可以說，我拼命創業的原動力就是隨著環境的變遷而來。

「當我14歲的時候，父親去世，我要肩負家庭的重擔，因為我是長子，而父親並沒有留下什麼給我們，所以讀書是絕對沒可能了。賺錢是迫在眉睫的，這樣志向就有了改變。而且，在接下來進入社會開始工作的日子裡，我有韌性，能吃苦，因為我不計較個人得失，只是勤力工作，再加上忠誠可靠，反而一路進步，薪金也一路增加。」

一九八六年，李嘉誠在接受媒體的採訪時，向記者坦露了他從一個「打工仔」成為「超人」的祕密，「是培養自己對所從事行業的濃厚興趣。以我個人的經驗，有了興趣，就會全心全意地投入，保持這樣一種積極健康的心態，做每一件事情，是沒有困難可言的。做哪一行就要培養出對哪一行的興趣，否則，要成功，要出人頭地不容易。只有充分掌握市場狀況，對這一行業未來至少是一到二年的發展前景有了預測，那麼你面對每一件事情，就會簡單得多、準確得多。如果你從事這個行業，你對這個行業卻沒有興趣，你的興趣在那一行，但你並沒有去從事那個行業。你的手裡僅僅只是這一行，那麼這時候，你就不能夠說你喜歡做的事，而應該說你應該做的事。人，其實就是一樣的，當然是希望自己做自己願意做的事情。譬如當年我開辦長江時，我的預算是只做3年，然後像我的祖輩、父輩那樣，去從事教育事業，說心裡話，起初我是根本不喜歡做生意的。但後來，生活環境的改變，理想是一回事，現實卻又是一回事，慢慢地，我就強迫自己定下心來，強迫自己培養做生意的興趣。然後，真的有了興趣，這樣才一路不停地發展到今天。」

由此可見，熱忱是一種具有超強輻射效應的重要力量。熱忱是一種精神，不僅能鼓舞及激勵一個人全身心地投入手中的工作，而且還具有感染性，能對其他熱心人士產生重大影響，可以說，幾乎所有和熱忱有過接觸的人也將受到影響。人類最偉大的領袖就

熱忱是一種精神，不僅能鼓舞及激勵一個人全身心地投入手中的工作，而且還具有感染性，能對其他熱心人士產生重大影響。

是那些知道怎樣鼓舞他的追隨者發揮熱忱的人。

把熱忱和你的工作混合在一起，那麼，你的工作將不會顯得很辛苦或單調。熱忱會使你的整個身體充滿活力。熱忱能帶領你邁向成功。一個充滿熱情的人，幾乎所向無敵。它可以彌補你身體的缺陷併發展出一種堅強的個性。要是你沒有能力，熱忱還可以使有才能的人聚集到你身邊來。若你沒有資金或設備，但你有熱情說服別人，還是有人會回應你的夢想的。

熱忱具有某種神奇的魔力。當你自己的意識因為受到熱忱的刺激而劇烈地振動，這個振動將會自動記錄在相關的所有人的意識中，尤其是那些和你有過密切接觸的人。

對於銷售人員來說，熱忱如同水對魚那般不可缺少。懂得這個原理並懂得如何使其屬下的銷售人員充滿工作熱忱的銷售經理，必然會有不凡的收穫。

那麼，如何使自己充滿熱忱呢？簡單說，生活要有目標，並要為之實現不懈地奮鬥。在具體的努力中，還要遵守以下原則：

深入了解每個問題。想要對什麼事熱心，先要學習更多你目前尚不熱心的事。了解越多，越容易培養興趣。做事要充滿興趣。跟某人握手時要緊緊地握住對方的手。微笑要活潑一點，眼睛要配合你的微笑。你的談話要生動引人，要誠懇，即使是說「謝謝你」也絕不能用敷衍的語氣。要向家人、朋友及其他接觸到的人多傳播好消息，多誇獎別人，多鼓舞人，不要背後說別人壞話。培養「你很重要」的態度，在一切可能的情況下，滿足別人的這項心願。通過研究、學習和相處等途徑，強迫自己採取熱忱的行動。加強身體鍛鍊，保持旺盛的體力和精力，是保持長久熱忱的基礎。

心理學家認為，一個人越能夠激發自己，他就會無形之中不斷推動自己向上。成功很多時候都是看一個人的進取心多寡而定。對事業越有熱忱的人，上進心越強；而上進心越強的人，成功的機會就越大。相反，對什麼都毫無熱情的人，不可能有上進心，更難說會有什麼成功。激發作用的機理就是將自己的潛能和願望進行聚焦，使自我推動的能量產生聚變，產生超常的動力，將成功的目標校準之後，一往無前地用盡全部精力去達成。從李嘉誠和希爾頓的成功，人們不難發現熱忱、激發與成功的關係。

心理學家認為，一個人越能夠激發自己，他就會無形之中不斷推動自己向上。

3．拿出你的勇氣來

一個人內心的畏懼和勇氣就像武俠小說中的黑白兩道，在不停地較量著。只不過，武俠小說都是以俠義之士戰勝邪魔歪道而結局，而生活中的許許多多的人，實際上是大多數人，可就沒那麼頑強和幸運了——在他們的一生中，可能有一段時期是勇氣居上，但最終是輸給了畏懼，注定了平淡無味的命運。否則，我們的這個世界不知道要文明到什麼程度！

而恰恰是那些勇敢無畏的少數人，他們的成就連同他們的奮鬥歷史，成為後人通往文明的基石和旗幟，名垂青史。

勇氣不單單指去戰勝有形的敵人和敢於捨身的那種勇敢，它存在於人生的方方面面。如克服自身的缺點，拋棄不良習慣，放棄眼前的享受和利益去從事有風險但更有意義的事業，敢於做前人不曾實踐過的事，走前人不曾走過的路，進入一個新環境，遠離父母、朋友，等等。

「富貴險中求」，與風險不沾邊的人，是與成功無緣的人。正是這些不起眼的放棄，最終決定了大多數人的不起眼的命運。

有人會說，是知識、智慧、機會、環境等決定人的命運。回想我們已經走過的路，不難發現，知識、智慧、機會等這些條件，只是實現理想的前提，如果沒有勇氣去利用它們、轉化它們，它們本身不會載著我們進入我們理想的境地。

但是，在任何時候都保持勇氣也不是容易的事。勇氣存在於我們日常生活中的每一個細節。「一年之計在於春，一天之計在於晨」，今天是雙休日，可你有好多事要做，你有沒有勇氣起床呢？這自然是小事，但勇氣可能發生在任何場合，面對困難是一種勇氣，面對權勢是一種勇氣，面對金錢是一種勇氣……勇氣就是「富貴不能淫，威武不能屈。」那麼我們的勇氣又是從什麼地方來的呢？是心態，只要你以正常心態、平常心態去面對一切，你就什麼都不怕了。

凡事前怕狼後怕虎，總想著先留下後路，這樣，既無法集中精力，也無法建立信心，十之八九會以失敗而告終。成功的女神只鍾情那些有膽有識，敢冒巨大風險，有著堅忍不拔的毅力，為達目的百折不回的人。正如李嘉誠所說：「決定一件事時，事先都

凡事前怕狼後怕虎，總想著先留下後路，這樣，既無法集中精力，也無法建立信心，十之八九會以失敗而告終。

會小心謹慎研究清楚，當決定後，就勇往直前去做。」

「風險與機遇並存」，如果一件事沒有什麼風險，那麼大家都能想得到，都敢去試，這裡對於你來說是沒有多少機會的。只有風險非常大，大多數人因此不敢想、不敢試，而你卻能夠迎險而上，成功的機率自然就大了許多。李嘉誠在為人處世上歷來以穩健著稱，但這並不表示他是一個膽小怕事的人，相反，在很多重大決策中，都能充分反映出他「超人」的勇氣和膽識。

長江公司的塑膠花牢牢佔領了歐洲市場。一九五八年，長江公司的營業額達一千多萬港元，純利一百多萬港元。塑膠花為李嘉誠掘得平生的第一桶金，也贏得了「塑膠花大王」的稱號。這一年，李嘉誠正好30歲。真正的「三十而立。」

穩固歐洲之後，為了進軍北美，李嘉誠展開了強大的宣傳攻勢。他設計印刷了精美的產品廣告畫冊，通過港府有關機構和民間商會了解北美各貿易公司的地址，然後分寄出去。這時，有一家銷售網遍佈美國加拿大的北美最大的生活用品貿易公司，一週後有意到香港實地考察。

李嘉誠果斷拍板：一定要拼盡全力抓住這個大客商！並且在公司高層會議上宣布了

一項石破天驚的決定：一週之內，將塑膠花生產規模擴大到令外商滿意的程度！真是果斷而富有氣魄。

這是李嘉誠一生中，最大最倉促的冒險。他孤注一擲，幾乎是拿多年營建的事業來賭博。因為一向作風穩健的李嘉誠，此次別無選擇。要麼徹底放棄，要麼全力一搏。

無法想像一週之內形成新規模難度有多大。首先要另外新租一套占地約1萬平方英尺的標準廠房，然後將舊廠房退租，搬遷原有的可用設備，購置新設備，改建新廠房，安裝調試設備，新聘工人並且培訓上崗，工廠進入正常運行……

李嘉誠和全體員工一道，奮戰了6個晝夜，每天只睡三、四個小時。第7天，當這家公司採購部經理抵達香港時，長江公司最後一台設備剛剛試車完畢。李嘉誠茶沒顧上喝一口，立即驅車到九龍啟德機場接客。

美國人的作風十分爽快，他讓李嘉誠直接由機場送他到工廠參觀。當參觀了全部生產過程和樣品陳列室後，望著個個眼睛熬得通紅的員工和精美的產品，採購部經理由衷地稱讚李嘉誠的工廠完全可以與歐美的同類廠媲美。而李嘉誠的報價則要比歐美低一半，因此，採購經理當即對李嘉誠說：「OK，我們現在就可以簽合約。」

李嘉誠在為人處世上歷來以穩健著稱，但這並不表示他是一個膽小怕事的人，相反，在很多重大決策中，都能充分反映出他「超人」的勇氣和膽識。

於是，這家美國公司成了長江工業公司的大客戶，每年的訂單都數以百萬美元計。通過這家公司，李嘉誠獲得加拿大帝國商業銀行的信任，並且日後發展成合作夥伴關係，進而為李嘉誠進軍海外架起一道橋樑。當然，此次冒險，不僅為李嘉誠帶來數千萬港元的盈利，使「長江」成為世界最大的塑膠花生產廠家，而且還為李嘉誠贏得「塑膠花大王」的美名。

在潛意識中的恐懼雖然是潛伏著的，但並不是完全無跡可尋。像是心存恐懼的人，常常莫名其妙地緊張害怕，藉故拒絕參加各種日常活動，這是一種精神病態。根據有關統計，患上這種恐懼病的人真不少。

當然，患上恐懼病的人，如果病情不重可以自療，但如果病情不輕，也許就得求助於心理和精神病專家了。一般說來，以下提到的幾點都各有療效，不妨一試。

對於害怕的事，惟一有效的方法就是面對恐懼，迎頭痛擊！一而再、再而三地提起勇氣，迎戰恐懼，結果你會發現恐懼其實一點也不恐懼！

另一個辦法就是把令你感到恐懼的事實找出來，對症下藥，例如，懷疑有病就看醫生，在小病時就醫治，康復的機會也大，無病更可以放心過正常快樂的生活。

另外，要敢於嘗新，別怕傷痛。這是一種勇於嘗新的精神。在很多情況下，當我們無法馬上得知其利害關係時，總是有人會挺身而出，冒險去嘗試。

4．相信自己一定能成功

成功意味著許多美好積極的事物。成功是生命的最終目標。每個人都期望成功，都嚮往一切美好的事物。每個人都不喜歡奴顏婢膝，過平庸生活，也沒人喜歡受人脅迫。

成功最實用的經驗是《聖經》中所提到的「堅定不移的信心能夠移山」，是中國的「愚公移山。」然而現實中具有這種信心的人並不多，敢「移山」的人則更少。

成功者無不把「信心」與「希望」聯合起來。它們是應結合在一起的。但光依靠希望是無法移動一座山、無法實現目標的。

信心的威力，沒有任何神奇與神祕可言。堅持「相信我確實能做到」的態度，無形中便會產生能力、技巧與精力這些必備條件。每當你相信「我能做到」時，自然會想出「怎樣去做！」

不管你認為自己行或不行，只要堅持自己是對的，你就能徹底做下去，就會出現「柳暗花明」的奇蹟。這種自信是每個成功者必不可少的。

信心是創立事業之本，是生命和力量，是成功的祕訣，信心能夠創造出奇蹟。信心是在政治上大獲成功的武器。信心的力量在戰鬥者的足跡中起決定作用，事業有成之人必然擁有無堅不摧的信心。

李嘉誠在創業伊始，儘管一名不文，但卻充滿了信心，「我十七歲時已經知道自己將來會有很大機會開創事業，因為我抱著堅定不屈的信念。」正是憑藉著信念，李嘉誠一步步從一個「打工仔」成為世界華人首富。

信心是使人致富的法寶。日本著名的行銷大師原一平在總結自己的成功經驗時說得最多的兩個字就是「自信」。他認為一個人的成功離不開自信，自信是事業成功的催化劑，它常常能夠把人們引向成功的道路。

正是在這種信念的支持下，原一平堅信越是不可能的事越要努力，這既是他的性格，也是他的一貫做法。憑著這種自信的心態，原一平遭遇並妥善處理了幾件對他一生都影響至深的事情。其中一件是他與當時聲名顯赫的三菱銀行總裁的一場衝突，這件事最終使原一平因禍得福。

原一平進入明治保險公司的第6年，已是32歲的人了，他把生命的光和熱全部投注在工作上，此時他的推銷業績已是全國第一。但永不服輸的他仍然在狂熱地工作著，每時每刻都想著如何繼續擴大推銷業務。

原一平是一個愛思考的人，有一天，他突然閃出一個念頭：三菱銀行的總裁豐田萬藏先生是明治保險公司的董事長，而明治保險公司是日本三菱財團下屬的一家公司，該財團的最高負責人是豐田萬藏，他是三菱總公司的理事長，也是三菱銀行的總裁。

理清了這一層複雜的關係，原一平開始考慮自己心目中的計畫：三菱銀行一定融資或投資許多公司，而三菱銀行與明治保險公司的關係又是這麼密切，通過這層關係，我若能得到豐田萬藏董事長的介紹信……這個念頭使他心跳加快，興奮得幾乎叫了起來。

主意既定，原一平立即開始行動，他首先找到公司的業務最高主席——常務董事阿部章藏，向他說明了自己的全盤計畫。阿部章藏董事靜靜地聽他把話講完之後表示支持：「你的計畫是一個偉大的計畫，如果你的計畫能夠成功的話。我也替你高興。不

信心是創立事業之本，是生命和力量，是成功的祕訣，信心能夠創造出奇蹟。

過，我們公司雖然屬於三菱財團，但當初三菱資助明治保險時，講明了絕不介紹保險。所以，如果我代你向豐田萬藏董事長請求介紹信的話，可能我明天就不得不辭職了。」

阿部章藏董事的話，猶如一瓢冷水潑向原一平，他失望極了，但他絕不願放棄哪怕是一點點的希望，又追問道：「那麼，請問您，可以給我機會單獨去見董事長，直接向他請求嗎？」

阿部章藏董事為原一平的決心所打動，他從這個年輕人的神情中看到一股非幹不可的決心，決定盡自己的所能去幫助他，於是說：「好，我會安排你們之間的會面。」

按照阿部章藏董事長的安排，在一個星期天的早晨，原一平滿懷希望和信心，準時在8點整到公司拜訪豐田萬藏董事長。然而，從8點到10點，他在董事長的會客室中足足等了兩個鐘頭，也不見董事長的影子。疲乏的他坐在沙發裡，竟不知不覺地睡著了。

當他被在照片上早已面熟的豐田萬藏董事長從夢境中突然推醒時，時針已經指向了11點鐘。看到原一平醒來，豐田萬藏董事長劈頭就問：「你找我到底有什麼事？」未等驚慌的原一平解釋，董事長又來了一句：「我很忙，有事快說。」

「我要去拜訪日清紡織公司的總經理，想請董事長幫助我，給我寫一張介紹信。」

「什麼？保險那玩意兒也是可以介紹的嗎？」

受到如此冷遇和態度的原一平，心中窩了一肚子的火，一聽到這話，再也按捺不住了。豐田萬藏董事長的話徹底點燃了他那暴烈脾氣。

原一平上前跨了一大步，大罵：「你這個混帳東西！你剛剛說『保險那玩意兒』了。公司不是一再告訴我們，推銷人壽保險是神聖的工作嗎？你這個老傢伙還是我們公司的董事長啊！我要立刻回去向所有員工宣布……」

原一平激動地說完之後，怒氣沖沖地奪門而去。一衝出大門，他立刻為自己粗野的行為懊悔不已，他六神無主地在街上徘徊，心想自己這次是怎麼了？必須要為這次不負責的行為付出代價。

思前想後，原一平最後還是決定回公司向阿部章藏董事道歉之後，就立刻向公司提出辭呈。但此時事情的發展卻來了一個180度的大轉彎，完全出乎他的預料。原來，在原一平走後，豐田萬藏董事長也意識到了自己的失態。這樣對待一個公司的下屬員工，似乎有些不近情理。

有些後悔的豐田萬藏董事長馬上給阿部章藏董事打來電話，他說公司剛剛來了一個很厲害的年輕人，很有衝勁兒，幾乎嚇了他一大跳。當時，他確實不理解，有些生氣。但經過仔細思考後，他發現這個年輕人的話其實很有道理。

豐田萬藏董事長陷入了深深的自責，他自認以前對保險有偏見，作為明治保險公司的高級主管，他不僅應該對保險有正確的看法，而且應當積極地去推進保險業務的擴展才對。他還請阿部章藏董事代替他向原一平道歉。

阿部章藏董事接到指示後，立即找到原一平說：「董事長讓我向你轉達，今天雖然是星期天，但他還是立即召開高級主管緊急會議，決定支持你的計畫，把三菱企業的退休金全部轉投到明治保險公司。他還誇獎你是一個優秀職員。」聽到這話，原一平幾乎不敢相信自己的耳朵。

對於原一平來說，這一天發生的一切彷彿就是一場夢。這一天發生的事情太富戲劇性了，但事情還遠遠沒有結束。等他迷迷糊糊地回家時，已經是深夜了。出人意料，信箱裡有著一封來自豐田萬藏董事長的信。他在信中再一次向原一平表達了誠摯的歉意，並邀請原一平在空閑的時候去他家裡。

原一平拿著信反覆讀了十幾遍，幾乎不敢相信大名鼎鼎的董事長竟會邀請一個小小職員去家裡。他不斷地用拳頭敲打自己的腦袋，這才相信這一切的確是真的。

第二天，原一平按照事先約定的時間，走進了豐田萬藏董事長那寬大的府邸。董事長對他的到來表示熱情的歡迎，從談話中他學到了許多知識，對董事長深感佩服。

就這樣，原一平的名字迅速在三菱銀行傳開了，凡是他需要的客戶，三菱銀行各分行都幫助介紹給他。從此，原一平開始踏上成功之路。

這件事給人的最大的啟發是：任何事情，只要你堅信是正確的，事前切勿顧慮過多，最重要的是，拿出勇氣全力衝過去。過分的謹慎，反而成不了大事。

商場上的推銷員，自信心是最重要的，因為自信和超越別人的欲望是推銷成功的關鍵。要相信自己能成功，才能與機遇產生共鳴，而且要堅信不移，機遇原本就是自信的孿生兄弟。有了這種信心，就能找到促使顧客接受的突破點。這樣才能一舉交易成功。

成功者大都有「碰壁」的經歷，但堅定的信心使他們能夠通過搜尋薄弱環節和隱藏的「門」，或通過教訓來得到成功。

當一個人取得意想不到的成績時，別人總會說他是「紅運高照」，紅運高照其實是他們信心堅定的結果。

信心對於立志成功者有無可替代的意義。有人說：成功的欲望是造就財富的源泉。這種自我暗示和潛意識激發後會形成一種信心，之後轉化為「積極的感情」，「它會激發人們無窮的熱情、精力和智慧，幫人成就事業」，所以「信心」就像「一個人的建築工程師。」

人們都明白，恐懼和自卑是信心的敵人。被恐懼和自卑所控制的人，是不會有任何成就的。如果恐懼是「我不敢」、「我怕」，那麼自卑則是「我不如人家」、「我不是這塊料」、「我出身卑微。」

自卑，可以理解為一種消極的自我評價或自我意識，也就是個人認為在某些方面總是比不上他人而產生的消極情感；自卑感就是個體把自己的各方面能力、個人品質估計偏低的自我評價的消極意識。他們總是感到各方面不如別人，沒有信心，進而悲觀失望，不求進取。一旦一個人被自卑控制住，那麼他就會受到嚴重的束縛，聰明的才智便無法發揮。

從主體角度看，自卑的形成儘管受各方面的影響，但主要是受個人的情緒、心境、性格、生理狀況的影響，尤其是童年時代的影響。

一個擁有良好個人素質的人對自卑的克服做起來比較容易，並且他還可以以此建立起自信。世界上沒有一個人是毫無缺陷的，也沒有一個人在各個方面都是最優秀的，理論上也是不可能這樣的。所以，人都會有自卑感，只不過是程度和表現不同罷了。

強者並不是天生的，他們也並不是沒有軟弱的時候。強者之所以強，是由於他們能更好地認清自己，客觀地評價自己，戰勝恐懼和自卑。每個人克服和超越自己恐懼和自卑的能力不同，因此成就的事業也就不同。所謂的成就也就是揚長避短、盡力而為的結果。即使沒有成功，只要你盡力了，充分發揮了自己的才智，你就享受了成功的人生。

克服恐懼和自卑等缺陷，建立超前的自信，也不是一日之功，它需要從生活的點滴做起，不斷自省和堅持。不僅要有正確的方法，還要時刻端正自己的行為，要相信自己是獨一無二的，同時要避免一切可能損害信心的言行。

5．工作是你快樂的源泉

曾經有記者詢問過李嘉誠的推銷訣竅。李嘉誠不予正面回答，卻講了一個故事。

強者並不是天生的，他們也並不是沒有軟弱的時候。強者之所以強，是由於他們能更好地「認清自己」，客觀地「評價自己」，戰勝「恐懼和自卑」。

日本「推銷之神」原一平在69歲時的一次演講會上，當有人問他推銷成功的祕訣時，他當場脫掉鞋襪，將提問者請上臺，說：「請您摸摸我的腳板。」

提問者摸了摸，十分驚訝地說：「您腳底的老繭好厚哇！」

原一平接過話頭說：「因為我走的路比別人多，跑得比別人勤，所以腳繭特別厚。」提問者略一沉思，頓然感悟。

李嘉誠講完故事後，微笑著自謙地對記者說：「我沒有資格讓你來摸我的腳底，但我可以告訴你，我腳底的老繭也很厚。」

當年創業之際，李嘉誠每天都要背一個裝有樣品的大包從堅尼地出發，馬不停蹄地走街穿巷，從西營盤到上環到中環，然後坐輪渡到九龍半島的尖沙咀、油麻地。他早先在茶樓當跑堂，拎著大茶壺，一天10多個小時來回跑。後來當推銷員，依然是背著大包一天走10多個小時的路。他的腳板未必沒有原一平的老繭厚。李嘉誠後來對記者這樣說：「別人做八個小時，我就做十六個小時，開初別無他法，只能以勤補拙。」

那麼，年歲並不大的李嘉誠，何以在創業伊始每天枯躁無味、大量重複性的工作中，始終保持高昂的熱情呢？李嘉誠是這樣解釋的：「精神來自興趣，你對工作有興趣就不會累。做事投入十分重要，你對你的事業有興趣，你的工作一定會做得好。」

無論在什麼行業，做什麼事情，人們一般都會有成功的欲望，特別是年輕人。但是，成功不會自己降臨的，它需要你的具體行動，可能是幾天、幾月，也可能是數年，甚至是幾十年。在這期間，可能有各種各樣的困難、挫折在前面等著你。想達到你的目標，你就不能氣餒，半途而廢，否則，會前功盡棄，一事無成。堅持到底，才有成功的希望。自我激勵便是實現這種執著的重要手段之一。

激勵就是鼓舞人們做出抉擇並開始行動。當你猶豫、徘徊於進退、左右之間時，需要激勵幫你做出正確的前進的判斷，督促你趕快行動。

成功學的核心就是激勵。激勵能夠提供人們成功的動因。激勵人們行動起來。點燃你內心的激情，令你向前走。養成用積極的心態激勵自己的習慣。這樣，你就能把握自己的命運。

那麼，什麼是激勵的成分？激勵的成分就是希望！希望就是一個人懷著某種願望，盼望能獲得所願望的東西，且相信他是可以獲得它的。

正如大家所知道的，人是動物界中惟一具有意識的成員，只有我們人才能通過有意

精神來自興趣，你對工作有興趣就不會累。做事投入十分重要，你對你的事業有興趣，你的工作一定會做得好。

識的心理，自覺地從內部控制我們的情緒，而不是受外界的影響被迫這樣做。

只有人才能自覺地改變情緒反應的習慣。

要做到這一點，一個有效的辦法是使用自我暗示，即使用自我命令，說出一句能表達你想要成為怎樣的人的話。

這樣，倘若你懷有恐懼等消極的情緒，而又想成為一個勇敢的人，你就可發出自我命令：「我一定要勇敢一點。」而且說完後還要極快地重複幾次。

緊接著進入行動。千萬要記住，你要成為勇敢的人，你就要勇敢地行動。不僅如此，你還應該讓你的思想集中到你所應當做和想要做的事情上。

對於極想致富的人們，美國成功學大師拿破崙・希爾提出了六個自我激勵的「黃金」步驟，它們分別是：

1・你要在心裡確定你渴望擁有的財富數位。

2・做實際的考慮，你將會付出什麼努力與多少代價去換取你所需要的錢。

3・規定一個固定的日期，一定要在這個日期之前把你想要的錢賺到手。

4・擬定一個實現你理想的可行性計畫，並馬上實施。

5．將以上4點清楚地寫下來。

6．大聲朗誦你寫下的計畫的內容。

熱愛你的工作吧，那將是你的立身之本，也將是你的快樂源泉。

6．保持樂觀豁達的心態

一個人所做的任何事幾乎都是為了滿足自己心靈上的快樂。肌體的滿足只是心理滿足的一種前提——物質基礎，最終要達到心靈上的滿足——更高級的滿足，即快樂。吃飽了飯、品嚐了美味佳餚使你快樂，領到了薪水、發了財使你快樂；發現新理論、發明出新技術使你快樂，送一個迷路的小孩回家使你快樂，找到了工作、當上了大公司、政府部門的管理者使你快樂。即使那些邪惡之徒在掠奪了他人的生命、財產之後也會感到快樂。

快樂與心靈和肉體有不可分的關係。快樂時，我們能想得更好，做得更佳，感覺更舒服，身體更健康，甚至身體的感官更敏銳。快樂時，也可以使別人受你的感染而變得

激勵的成分就是希望！希望就是一個人懷著某種願望，盼望能獲得所願望的東西，且相信他是可以獲得它的。

愉快。

人生充滿了選擇，而生活的態度就是一切。你用什麼樣的態度對待你的人生，生活就會以什麼樣的態度來對待你。你消極，生活便會暗淡；你積極向上，生活就會給你許多快樂。

現實中，任何一個人都無法保證——時時、處處、事事保持快樂的心情，難免會遇到各種各樣的問題，總會遇到一些不稱心的人，不如意的事，他惟一能做到的就是養成一種樂觀豁達的態度。他可以保持笑口常開，不在小事上斤斤計較，尊重下屬，從手頭的工作、事業中尋找樂趣，慷慨待人，關愛家人朋友，積極享受即得的生活等。如果你有樂觀而又自信的好習慣，那麼又有什麼事可以難倒你呢？

樂觀是一個人獲得美好生活的源泉。在這個世界上，惟有一種心情能讓我們感覺到一切都是美好的，那就是保持樂觀的心態。它能令我們避免無謂的浪費，時間的，精力的，甚至是生命的。

我們通常能很勇敢地面對生活中那些大的危機，可是，卻會被芝麻小事搞得垂頭喪氣、鬥志盡失。

芝加哥的約瑟夫・沙巴士法官在仲裁了四萬多件不愉快的婚姻案件之後說道：「婚姻生活之所以不美滿，最基本的原因通常都是一些小事情。」而紐約的地方檢察官法蘭克・荷根也說：「我們的刑事案件裡，有一半以上是緣於一些很小的事情。」在酒吧中逞英雄，為一些小事情而爭吵不休，講話侮辱了人，措辭不當，行為粗魯——就是這些小事情，結果引起傷害和謀殺。

在日常的工作和事業的發展中始終保持積極樂觀的態度是至關重要的，因為一個人一生中重大的挑戰大多來自於這方面。成功者往往在這方面有不同常人的表現。

美國鋼鐵大王安德魯・卡耐基曾說過：「如果一個人不能在他的工作中找出點『羅曼蒂克』來，這不能怪罪於工作本身，而只能歸咎於做這項工作的人。」

卡耐基，由於家境極度貧寒，13歲時就到當地一家紡織廠當小工，週薪才1.2美元。17歲時他幸運地遇上了當時賓夕法尼亞州鐵路公司西部管區的主管，也是卡耐基後來多年的商業夥伴史考特，從而被聘為電報員。

史考特長卡耐基13歲，二十幾歲時就當上賓鐵公司西部管區的主管，也算是少年得志，不過史考特一生最大的成績就是發現卡耐基是個可造之材並加以提攜。年輕時代的

我們通常能很勇敢地面對生活中那些大的危機，可是，卻會被芝麻小事搞得垂頭喪氣、鬥志盡失。

卡耐基已表現出樂觀向上、勤於工作和學習、聰敏、勇於突破和敢於果斷決策等一些卓而不群的素質，使史考特確信此人將來在事業上必然大有作為。

在史考特的關照下，不出幾年卡耐基就成為西區主管，收入也上升到每月一千五百美元，而此時史考特已升任賓鐵公司總裁。卡耐基又在史考特的指導下開始涉足股票投資，不久就深諳資本市場的運作之道。卡耐基的眼光獨到，又善於借力使力，因而常能在股票市場有所收穫。卡耐基曾預測隨著鐵路旅行距離的大大延長，乘坐臥鋪早晚會成為鐵路旅行的主要方式，於是傾其所有，買入一家叫普爾曼的臥車公司八分之一的股權，並以放棄冠名權換得成功的低價收購。卡耐基贏得了他的初戰。隨後他又向鐵路公司闡述載入臥鋪車廂的好處，鼓動他們大量定購臥鋪車廂。隨著臥車公司股價的上揚，卡耐基自然大發了一筆。

憑藉在股票市場以及早期的一些實業投資中掘到的第一桶金，卡耐基辭去在賓州鐵路的工作，買下一家煉鐵廠，專心從事他認為有著良好發展前景的煉鐵業。由煉鐵起步而涉足採礦業、運輸業，以及鐵板、鐵釘加工等關聯產業，最後進軍製鋼業。不到30年的時間，卡耐基一步步構築起了鋼鐵王國。

論學歷，卡耐基充其量不過小學程度，也從未受過經營管理方面的專業訓練，但於管理之道似乎很有天分。他首創的管理方法至今仍為業界奉為經營成功的不二法門。卡耐基十分重視成本會計，在他經營的工廠裡，卡耐基建立起了一整套成本核算體系。卡耐基的戰略眼光和戰略決斷能力堪稱一流。卡耐基同時十分注重技術革新。他曾斥鉅資購進一座當時最新的煉鋼爐，為了弄清其工作原理，專門雇傭了一名德國科學家。經過反覆實驗，發明了一種從鋼爐底部吹入高壓熱氣流的煉鋼方法。用此法煉鋼，雖然鋼爐的使用壽命大為縮短，但由於生產效率的極大提高，平均生產成本則大幅度降低了。

在用人方面，卡耐基的舉措更是高人一頭。他深知人才之於企業成功的關鍵意義，因此每當他發現能力出眾的青年人，都會傾力提拔；對於其中特別傑出的，甚至會吸收為合夥人，按他的規矩，贈予1％的乾股。卡耐基曾頗為自負地說，就算有一天我的全部工廠被大火燒毀，但只要和我一起奮鬥的這些人還在，不出一年，我就又會成為百萬富翁。在卡耐基的墓碑上，寫著一段意味深長的話：「埋在這裡的人，懂得如何將比自己更優秀的人為他所用。」許多人認為，這句話是卡耐基成功經驗的畫龍點睛的寫照。

怎樣才能獲得樂觀的心態呢？方法很簡單：培養樂觀的精神；學會營造快樂；別為小事煩惱；擁有良好的體力；學會輕鬆看待生活；笑對天下事。

怎樣能夠使自己變成一個真正快樂的人，可真是一門高深複雜的學問。單單叫你要快樂，叫你微笑，以及大笑是沒有用的。假使你是一個很不幸的人，假使你看不見你自己的前途，你對人類的善良和美好失掉信心，你覺得自己很瑣碎、卑微、無聊而又墮落。你可能笑，然而你笑出來的不是快樂，至少你的笑不能使人快樂。只有正確地對待生活，保持良好的心態，才能克服以上提到的困難，從而快樂地生活。

要擁有正確的心態，還要對自己的未來負責，給自己些壓力，以求發展。生活本無什麼非常手段，如果一個人有了強大的「實力」，那麼他選擇和發展的機會就會大大地增大。那你的生活中就會少一份憂愁，多一份快樂。

快樂純粹是內心自發的，它的產生不是由於外在的事物，而是由於不受環境拘束的個人舉動所產生的觀念、思想與態度。

除了聖人之外，沒有人能隨時感到快樂。對於日常生活中使我們不快樂的那些眾多瑣事與環境，我們可以由思考使我們感到快樂，這就是：大部分時間想著愉悅的事情。對於煩惱、小挫折，我們很可能習慣性地反應出暴躁、不滿、懊悔與不安，這樣的反應我們已經「練習」了很久，所以成了一種習慣。這種不快樂反應的產生，大部分是由於我們把它解釋為「對自尊的打擊」等這類原因。司機沒有必要對著我們按喇叭，我們講話時某位人士沒注意聽甚至插嘴打斷我們，認為某人願意幫助我們而事實卻不然，甚至個人對於事情的解釋也會傷了我們的自尊，我們要搭的公共汽車竟然遲開，我們計畫要郊遊，結果下起雨來，我們急著趕搭飛機，結果交通阻塞……這樣我們的反應是生氣、懊悔、自憐，或換句話說——悶悶不樂。那麼，怎樣才能獲得樂觀的心態呢？方法很簡單：培養樂觀的精神；學會營造快樂；別為小事煩惱；擁有良好的體力；學會輕鬆看待生活；笑對天下事。

7．養成一種良好的習慣

如果你留心的話，可以在社會上發現許多人發財之後不能控制自己，過度享受揮霍，結果很快就垮掉了。而作為富豪中的富豪，李嘉誠在「大富」之後，卻能始終保持良好的生活習慣，因而他的事業越做越大。

李嘉誠曾經說過：「我個人對生活沒有什麼高要求。我今天的生活水準和幾十年前

李嘉誠之所以如此追求新知識，是因為他認為：「在知識經濟的時代，如果你有資金，但缺乏知識，沒有最新訊息，無論何種行業，你愈拚搏，失敗的可能愈高。」

相比只會差了，年輕時也有想過買點好的東西，但不久就想通了，是強調方便，我穿的都可能比你們便宜。就我個人來說，衣食住行都非常簡樸、簡單，跟三、四十年前根本就是一樣，沒有什麼分別。衣服和鞋子是什麼名牌子，我都不怎麼講究。一套西裝穿十年八年是很平常的事。我的皮鞋十雙有九雙是舊的。皮鞋破了，扔掉太可惜，補好了照樣可以穿。我手上戴的手錶，也是普通的，已經用了好多年。」

李嘉誠另一個良好的習慣，是他特別喜歡讀書。知識可以幫助人得到成功，更加可以將人的命運改變。李嘉誠雖然沒有受過正規的學校教育，但他不僅始終重視追求新知識，而且還養成了良好的讀書習慣。李嘉誠說：「我最初做塑膠生意時，外國最新的塑膠雜誌，在當時的香港，看的人並不多，但我學、我看。我認為一個人憑自己的經驗得出的結論當然是好，但是時間就浪費得多了，如果能夠將書本知識和實際工作結合起來，那才是最好的。」

李嘉誠之所以如此追求新知識，是因為他認為：「在知識經濟的時代，如果你有資金，但缺乏知識，沒有最新訊息，無論何種行業，你愈拚搏，失敗的可能愈高。但你有知識，沒有資金的話，小小的付出都能得到回報，甚至可能達到成功。」

因為李嘉誠年輕很小就要承擔起養家糊口的重任，所以他的學問是在別人玩耍的閒置時間中「搶」來的，並通過「搶」而養成了一生愛讀書的好習慣。李嘉誠說：「我不看小說也不看娛樂新聞。這是因為從小要爭分奪秒地『搶』學問。現在僅有的一點學問，都是在父親去世後，幾年相對清閒的時間內得來的。因為當時公司的事情比較少。其他同事都愛聚在一起玩麻將，而我則是捧著一本《辭海》、一本老師用的課本自修起來。書看完了賣掉再買新書。以前，每天晚上我都看書，並不看時鐘，看完了就熄燈睡覺，現在精力跟不上，晚上看書有時還沒看完自己就睡著了。」

習慣是一種力量。這種力量在一定程度上確實支配著人的行為，讓人沒辦法抗拒，甚至不願意抗拒。通常，能力普通的人都能夠辨認出這種力量，然而他們所看到的往往是它不好的一面，而不是它好的一面。

習慣，像神奇的自然力量一樣，有時會成為一個殘酷的暴君，統治及強迫人們違背自己的意願、欲望、愛好、情感。假如遭到反抗，它會加倍地懲罰你。然而，這股強大的力量也是能夠被控制和利用的，能夠為我們服務。那麼，我們就不再是習慣的奴隸，也不會再一面埋怨，一面卻要老老實實地服侍它，而是成為它的主人，反客為主，積極

地對付它。

近代心理學家早已經肯定地告訴我們，我們絕對能夠支配、利用習慣替我們工作。而且已有不少人運用了這一成果，並且變習慣為動力，強迫它發揮行動的功能。

習慣是由重複創造出來的，並根據自然法則而形成。這在有生命的物體上表現出來，是一種思維定式。它也能夠表現在沒有生命的事物上，這是一種物理定式。一張紙一旦以某種方式折起來，下一次它還會按照同樣的折線被折起。同理，衣服或手套會由於使用者的使用習慣，而在某些地方形成某些折痕，而這些折痕一旦形成，就很不容易消失。小溪從地面上流過，由於地勢、氣候方面的原因，形成了它們的流動路線，在這以後它們就會按這個路線來流動，永無止息。這種法則是放之四海而皆準的真理。

每一次，當你走過良好的心理習慣的道路，你的心情會變得自然、安詳、舒暢，這又讓這條道路變得更深、更寬、更平坦，使你以後的人生之路風和日麗，陽光一路。

心靈的築路工作，是非常重要的。請你開始修建理想的心靈道路吧，假如你現在的道路坑窪不平，艱險重重，沒辦法預期達到目的地，請你開始努力養成一種好習慣吧——如果你現在已有的壞習慣如懶惰、暴躁、粗心阻礙了你想要的成功。

良好的習慣是成功的鑰匙。也許從嬰兒時期開始，你就慢慢養成了良好的習慣，或到老到死你都被困在不好的習慣築起的城堡裡。這些不好的習慣往往把你引向迷宮，它們會減少你獲得成功的可能性。

或許你不曾體會好習慣帶給你成功的喜悅，或者不好的習慣使你平平庸庸甚至走向錯誤的深淵。這些影響是確實存在的，無論你意識到或意識不到。

但是這些習慣和經驗的獲得是逐漸得來的。我們漫無目的地遊蕩在無知的幼年時代，在稍後的歲月裡迷茫和徘徊。當我們有足夠的經驗理解生活時，生活又毫不留情地將我們拋棄。我們誰也沒辦法改變被細菌腐蝕的命運。

經驗是對生活的積累和反思。當我們有了足夠的生活閱歷，當我們在前進的道路上不斷遭遇挫折和磨難，當我們一次又一次品嘗成功的喜悅、生活的滋味，我們的經驗因為累積而豐富。經驗的積累是無止境的，但是個體的經驗又是狹隘的、局限的。它很大程度上受時間和地點的限制。甚至一個人死去時，他的經驗也許就得宣布作廢。

曾有許多成功者不止一次地解釋他們的成功純屬偶然。殊不知這偶然的背後是良好習慣的必然。成功者受所養成的良好習慣的指引，最終走到了成功者之列。良好的習

慣，是打開成功之門的鑰匙。所以，要遵守的第一個法則是：養成良好的習慣。

成功之門緊鎖，它的要求是：你用良好的習慣，去打造一把萬能的鑰匙。當然，好習慣的養成是通過與壞習慣不懈的鬥爭得來的。在這個過程中，我們不要忘記時刻發現和拋棄壞習慣。

8．堅定了決心，成功就不會遙遠

堅定的決心是任何別的東西都無法代替的。下決心沿著你的目標堅持到底，不要理會障礙、批評的環境，也不要管別人會怎樣想、怎樣說、怎樣做，用不懈的努力和全部的精力來築起自己的決心。因為機遇不會落在等待者的頭上，只有敢於出擊的人，才有機會。成功出擊的能力取決於制定計劃及實現目標的能力。你應該今天就開始制定目標，為自己的未來制定航標。

英國著名思想家羅伯特•梅傑說：「倘若你沒有明確的目的，很可能就走到了不想去的地方。」所以，你應該盡一切努力去實現自己的理想，而不要走到不想去的地方。

決心獲得成功的人都明白，進步是一點一滴不斷努力的結果。每個重大的成果都是一系列的小成果累積而成的。按部就班做下去是惟一的實現目標的聰明做法。

大家都知道抽煙有害健康，戒煙的人也總是不斷地在戒，卻又不斷地在抽，戒煙的辦法也是嘗試了一個又一個。實際上，最好的戒煙辦法就是一個小時又一個小時地堅持下去，以小時為時間單位持續地堅持下去。這個辦法並不是要求他們一開始就下決心永遠不抽，只是要他們決心不在下一個小時抽煙而已。

當這個小時結束時，只需把他的決心改在下一小時就行了。當抽煙的欲望慢慢減輕時，時間就延長到兩小時，又延長到一天，最後終於完全戒除。而那些一下子就想戒除的人一定不會成功，因為心理上的感覺承受不了。要知道，一小時的忍耐很容易，可是永遠不抽那就不容易了。

對於那些初級經理人員來講，不論被指派的工作多麼不重要，都應該看成是「使自己向前跨一步」的好機遇。你踏踏實實做好任一件細小的工作都是你將來擔當更重要工作的必要的積分。一位推銷員每做成一筆交易時，他就為自己邁向更高的管理職位積累了條件。

單一的石塊本身並不美觀，然而當其按照規劃被堆砌到一起時，它們卻變得那樣的美輪美奐。

有些時候，一些人從表面看來似乎是一夜成名，然而如果你仔細看看他們過去的歷史，就知道他們的成功並不是偶然的。實際上，他們早已投入了無數心血，打好了堅實的基礎。

那些暴起暴落的人，聲名來得快，去得也快。他們的成功往往只是曇花一現而已。他們並沒有深厚的根基與雄厚的實力。

富麗堂皇的建築物都是由一塊塊獨立的石塊砌成的。單一的石塊本身並不美觀，然而當其按照規劃被堆砌到一起時，它們卻變得那樣的美輪美奐。

成功也是這樣。你應該時時都想到再做下一個事情。你的下一個想法無論看來多麼不重要，你都要將其作為邁向最終目標的一個步驟，並且馬上去進行。

時時記住下面的問題：「這件事對我的目標是否有說明？」

倘若答案是否定的，你自己不必去做；如果是肯定的就加緊推進。我們沒法一下子成功，只能一步步走向成功。

第4章

眼光要看遠，格局要放大

眼光要放遠，做好自己的工作，
最重要的是自我充實，
相信很多本來認為不可能的事，也可以變為可能。
做生意好的時候不要看得太好，壞的時候不要看得太壞。
最重要的是有遠見，殺雞取卵的方式是短視的作風。

——李嘉誠如是說

「眼光要放遠，做好自己的工作，最重要的是自我充實，相信很多本來認為不可能的事，也可以變為可能。」——這是凝聚著李嘉誠寶貴經驗的智慧之語。

作為一名打工仔的李嘉誠，在塑膠廠當推銷員期間，除了積極勤奮及頭腦靈活外，眼光放得很遠，對自己份內工作，絕對是全心投入，從不把它視為僅僅是用來養家糊口、向老闆交差的工作，而是把它當做自己的事業。結果他只花了不到一年的時間，銷售業績就超越其他六位同事，成為全廠銷售額最好的推銷員。他當時的銷售成績，是第二名的七倍。兩年後，19歲的李嘉誠當上了工廠的總經理。一個小夥子，僅僅用了兩年時間，便躍升至行政要位，將不可能變成了可能。

李嘉誠常常說：「做生意好的時候不要看得太好，壞的時候不要看得太壞。最重要的是有遠見，殺雞取卵的方式是短視的作風。」正是靠著這種遠見，李嘉誠一步步建成了今天的「長實」商業帝國。

1．把你的眼光投得更遠些

象棋大師與庸手的主要區別之一是：大師每走一步棋一般都能預見到以後十幾步的棋盤局勢，而庸手最多能看到三、四步遠。李嘉誠說：「今天是一個知識與經濟分不開的時代，誰目光短淺，誰就有被淘汰之虞。」

人生猶如下棋一樣，傑出的成功者像象棋高手，平庸者如庸手。成敗的關鍵因素之一就在於棋手的眼光的高低。不妨現在就反省一下，你在準備完成每項工作和計畫時，能想到第幾步？

凱薩琳・羅甘說：「遠見告訴我們也許會得到什麼東西，遠見召喚我們去行動。心中有了一幅宏圖，我們就從一個成就走向另一個成就，把身邊的物質條件作為跳板，跳向更高、更好、更令人快慰的境界。如此，我們就擁有了無可衡量的永恆價值。」

遠見會給你帶來巨大的利益，會替你打開你意外的機會之門。遠見會增強你人生發展的潛力。要知道，一個人愈有遠見他就愈有潛能。遠見能帶給你工作與生活的輕鬆愉

李嘉誠常常說：「做生意好的時候不要看得太好，壞的時候不要看得太壞。」

快。成就令人生更有樂趣。當你努力幹，把工作做好時，沒有任何東西比這種感覺更愉快。它賦予你成就感，它是樂趣。當那些不大的成績為更大的目標服務時——比如讓一個遠見成為現實就更令人激動了。每一項任務都成了一幅更大的圖畫的重要組成部分。

此外，遠見還能夠帶給你更大的工作價值。當我們的工作是實現遠見的一部分時，每一項任務都具有價值。哪怕是最單調的任務也會賦予你滿足感，因為你會看到更大的目標正在實現。

更重要的一點，遠見能告訴你未來的你可能是個什麼樣。缺乏遠見的人也許會被等待著他們的未來弄得驚慌失措。變化之風會把他們刮得滿天飛。他們不清楚會落在哪個角落，等待他們的又是什麼。倘若你有遠見，又勤奮努力，你將來就更有可能實現你的目標。誠然，未來是沒辦法保證的，所有的人都一樣，但你能大大增加成功的機會。

遠見能讓你發現別人還沒有察覺的機會，讓你的事業航船繞過前方尚處於地平線以下的暗礁。

儘管遠見向來都那麼有價值，但真正有遠見的人還是很少。遠見主要體現在那些傑出成功者身上，他們的成就大多得自他們這種非凡的能力。特別是在商場上，遠見尤為重要，成功的企業家往往能用他們那敏銳的目光探知遠方深埋在地下的財寶。美國房地產巨富川普就是憑藉他的遠見建立起了他的財富王國。

川普，美國地產巨富，二十世紀50年代出生於美國一個建築承包商的家庭。13歲時，他被父親送到軍事學校去上學。畢業後，他到福德姆大學上學。兩年後，他轉到霍頓金融學校攻讀商業。大學畢業後他到了紐約的曼哈頓。他生性樂觀，眼光高遠。在經濟不景氣的情況下，他開始尋找機會出擊房地產，在短短的十幾年裡，也像李嘉誠一樣，從一個毛頭小夥子變成了一個聲名遠揚的地產巨頭。

川普出生於一個建築承包商的家庭。川普13歲時，他被父親送到軍事學校去上學。軍校畢業後，他又到福德姆大學上學。大學上了兩年，他認為如果立志經商，霍頓金融學校是個不可不去的地方，於是他轉而攻讀商業。從那時起，他就嚮往曼哈頓，因為曼哈頓是紐約的首富之區，許多跨國大公司和大銀行都在該區的華爾街。

在通貨膨脹高漲、經濟陷入困境、房地產業不景氣的環境下，川普卻信心十足，看見了經濟不景氣背後的光明，絲毫不停止尋找機會的腳步。

遠見能讓你發現別人還沒有察覺的機會，讓你的事業航船繞過前方尚處於地平線以下的暗礁。

一九七一年是川普大學畢業的第三年，他在曼哈頓租了一套公寓房間，這是小型的公寓間，面朝鄰近樓房的水塔，室內狹小、昏暗。儘管如此，他還是很喜歡它。

由於這次搬遷，川普對曼哈頓熟悉得多了。他逛街的方式很特別：他刻意了解這裡所有的房地產。他年輕、野心勃勃、精力充沛，要在這裡大顯身手。川普搬到曼哈頓以後認識了許多人，開闊了視野，了解了許多房地產，但仍沒有發現他能買得起的、價格適中的不動產。所以他遲遲按兵不動。

到了一九七三年，曼哈頓的情況突然變糟。由於通貨膨脹，建築費用猛漲。更大的問題是紐約市本身，該市的債務，上升到了令人憂心忡忡的地步。人們惶惶不可終日，簡直不能相信這座城市。這種環境不利於新的房地產開發。川普擔心紐約市的未來，但還不至於徹夜不眠，他是個樂天派。他看到該市的困境，而那也正是他大顯身手的良機。他認為，曼哈頓是最佳住處，是世界的中心。紐約在短期內不管有什麼困難，事情一定會徹底改觀，這一點他毫不懷疑。不可能有哪座城市能取代紐約。

川普總是能看見別人「看不見」的機會。

幾年來，一直吸引川普目光的，是哈得遜河畔的一個荒廢了的鐵路廣場。每次他沿西岸河濱的高速公路開車過來時。他就設想能在那兒建什麼。但該市在處於財政危機時，沒有心思考慮開發這大約100英畝的龐大地產。那時候，人們認為西岸河濱是個危險去處。儘管如此，川普認為，要全面改觀並非太難，人們發現它的價值只是時間問題。

一九七三年，川普在報紙上破產廣告一欄中，偶然看到一則啟事，是一個叫維克多的人負責出售廢棄廣場的資產。他於是打電話給維克多，說他想買60號街的廣場。

廣場的事最終雖未落實，但維克多提供了另一個資訊：名叫康莫多爾的大飯店由於管理不善，已經破敗不堪，多年虧損。但川普卻看到，成千上萬的人每天上下班從這裡的地鐵站上上下下，絕對是一流的好位置。

川普把買飯店的事告訴他父親。父親聽說兒子在城中買下那家破飯店，吃驚不小，因為許多精明的房地產商都認為那是筆賠本的買賣。川普當然也知道這一點。不過他耍了一些高明的手段。他一方面讓賣主相信他一定會買，卻又遲遲不付訂金。他儘量拖延時間，他要說服一個有經驗的飯店經營人一起去尋求貸款。他還要爭取市政官員破例給他減免全部稅務。

一切妥當後，川普終於買下了康莫多爾飯店，投資進行裝修，並重新命名為梅特大飯店。新裝修後的飯店富麗堂皇。它的樓面是用華麗的褐色大理石鋪的，用漂亮的黃銅做欄杆，樓頂建了一個玻璃宮餐廳。它的門廊很有特色，成了人人想參觀的地方。梅特大飯店於一九八〇年9月開張，顧客盈門，大獲其利，總利潤一年超過三千萬美元。川普擁有飯店50％的股權。

川普沒有就此滿足，他的目光又落在曼哈頓的一座11層大樓上。從一九七一年他搬進曼哈頓，並在那兒逛大街起，他就看中了它，那是房地產中一流的位置。如果在這個位置上建一座摩天大樓，它將成為紐約城獨一無二的最大不動產。

川普通過調查，了解到那11層大樓屬於邦威特商店，高樓下的地皮屬於一個名叫傑克的房地產商。川普先去找傑克。傑克是個很精明的人，但他不是紐約人，不知道這塊地皮的真正價值，更是不明白在經濟不景氣的情況下，仍有人打它的主意。川普通過幾個回合的艱苦談判，最終以二千五百萬美元買下了11層大樓和下面的地皮。川普決定把舊樓拆除，建座高68層的大廈，命名為川普大廈。他費盡周折，得到了市規劃委員會的批准。一九八〇年，曼哈頓銀行同意為川普建造大廈提供貸款。川普把整個工程承包給了一家施工公司，並委派33歲的高級女助手巴巴拉負責監督施工。巴巴拉在翻修康莫多爾飯店時，曾顯示出她的傑出的才能。

開始舊大樓的爆破工程時，《紐約時報》刊登了炸毀門口雕塑的大幅照片，並發表了許多文章，說川普只顧賺錢，不惜毀壞藝術品和文物。儘管藝術和文物管理部門並沒有出面干涉，事後川普也後悔不該毀了那些雕塑。令人意想不到的是，這場軒然大波卻給川普出售大樓幫了大忙。

川普大廈矗立起來了，建造得既富麗堂皇又非常新穎獨特。光是門廊中的瀑布，就有80英尺高，造價200萬美元。從第30層到68層是公寓房間，站在屋裡就可以看到北面的中央公園，東面的九特河，南面的自由女神像，西面的哈得遜河。大樓獨具特色的鋸斷形設計，使所有單元住宅的主要房間至少可以看到兩面的景色。

毋庸諱言，川普大廈是有錢人住的地方。每套單元售價從100萬美元到500萬美元不等。川普大張旗鼓地進行宣傳，吸引了許多電影明星和著名人士爭相購房。房子還沒竣工就賣出了一大半，滾滾鈔票進了川普的腰包。川普大廈共有住宅單元263套，他自己留下十多套不賣，自家住進了最頂層。他們夫婦花了近兩年時間改建，川普自豪地說，世界上沒有任何一套公寓間可以與之比擬。

「遠見」就跟積極的心態一樣，不是與生俱來的，遠見是一種能夠培養出來的本領。

但他並沒有就此停步。他又投資度假村、遊樂場，成立海灣西部娛樂集團等。他的妻子伊瓦娜幹得也非常出色。她親自掌管的川普城堡，是大西洋城12家遊樂場中收入最多的一家，也是城中最盈利的一家飯店——僅三個月就收入七千六百八十萬美元。川普還生產用他的名字命名的凱迪拉克轎車。這個川普闖蕩曼哈頓，在短短的十幾年裡，從一個毛頭小夥子成了一個聲名遠揚的大富豪。

我們不能不佩服川普的高瞻遠矚，正是他的遠見在短短時間內成就了他。

遠見就跟積極的心態一樣，不是與生俱來的，你也無需生下來就具備看到機會和光明未來的能力。遠見是一種能夠培養出來的本領。這種本領也可能被壓抑。過去的經歷、當前的壓力、種種不利因素、缺乏洞察力、當前的地位等都可以限制你的遠見。

如何培養自己的遠見並使它變為現實呢？

通過確定遠見，考察當前的生活，放棄小選擇，規劃自己的成長道路，多與成功人士接觸，不斷地增強你對自己夢想的信心，預料到可能的反對，不能把有消極心態的人當做自己的密友，盡可能地尋找實現理想的每條途徑等等方面來培養你的遠見。

2．你的人生航船將駛往何方？

李嘉誠說：「世界上任何一家大型公司，都是由小到大，從弱到強。」他認為，赫赫盛名的渣打爵士由英國剛來香港時，也只是個沒沒無聞的窮小子，但他靠勤奮、精明和機遇，終於成為巨富，創九倉、建置地、辦港燈。因此，李嘉誠才深有感觸地說：「我們做任何事，都應該有一番雄心壯志，立下遠大目標，有壓力才有動力。」

我們說，一個人只有在明確了目標之後才會知道如何做人，才有可能獲得成功。因為目標遠大能帶來綿綿不斷的驅動力和創造力，使人有可能取得成就。就如某個哲人所說：「世人向來最敬仰的是目標遠大的人，其他人無法與他們相比——貝多芬的交響樂、亞當・斯密的《國富論》，以及人們贊同的所有人類精神產品——這些東西不是做出來的，而是被他們的真知灼見發現的。」

成功的人士都是這樣取得成功的。對於那些奧運金牌的獲得者來說，他們的成功並不僅僅依賴他們的運動技術，而且還依靠其遠大目標的推動力和人格魅力的親和力。對於自己所樹立的遠大目標，李嘉誠用了一句非常簡單的話進行概括：「我一心要建立的不僅是中國人感到驕傲的企業，更是讓外國人看得起的企業。」

李嘉誠的話雖然簡單得不能再簡單，但其中卻絕對不簡單。經過二十多年的「開疆拓土」，到一九九九年底，他旗下的「長實」及「和黃」在港參與興建的屋苑就有13個，總面積達566萬平方米，可供38萬居民居住。整個集團計畫及發展中的專案，總面積更是超過600萬平方米。除了房地產外，還包括集團旗下的總輸送量超過600萬個標準貨櫃的香港國際貨櫃碼頭、覆蓋英國、瑞士、比利時、奧地利、印度等地電訊業務的和記電訊、擁有180多家連鎖店的百佳超市，以及擁有美國電訊公司Voice Stream的大部股份，在大陸的投資更是不可勝數，甚至就連盛名顯赫的加拿大赫斯基石油公司，李嘉誠也是其最大的股東。試問，如此企業王國，外國人豈有看不起之理！

遠大的目標就是推動人們不斷前進的夢想。隨著夢想的實現，相信你一定能夠領悟成功的要義是什麼嗎？

還是道格拉斯・勒頓說得好：「你決定人生追求目標之後，就做出了人生最關鍵的選擇。要能如願，首先要明確你的願望。」

有了理想，你就弄清了自己最想取得的成就是什麼。有了目標，你就會有一股無論順境還是逆境都勇往直前的衝勁，你的目標使你能獲得超越你自己能力的東西。遠大的目標是長期的目標。沒有長期的目標，你也許就會被短期的種種挫折所擊倒。但事實上，阻礙你進步與成功的最大敵人不是別人，正是自己。

別的人也許可以讓你暫時停止你事業上的進步，而你已是惟一能使你永遠堅持下去的人。假若你沒有長期的目標，暫時的阻礙就會成為你永遠的挫折。家庭問題、疾病、車禍及其他你無法控制的各種情況，都可能是你成功與事業的重大障礙。然而，只要你有長期的目標，它們都只可能是暫時的。

一次挫折，不管它是否嚴重，它既可以是你進步的起點，也可以是你成功的絆腳石。因此，當你設定了長期的目標後，起初不要試圖去克服所有的阻礙。一旦所有困難一開始就被除得一乾二淨，便沒有人願意嘗試有意義的事情了。

偉大與接近偉大的差別就是：是不是領悟到一旦你期望偉大，你就必須每天朝著你的長期目標踏踏實實地工作。因為每天的目標是人格最好的顯示器，它包括奉獻、鍛鍊與決心。

一次挫折，不管它是否嚴重，它既可以是你進步的起點，也可以是你成功的絆腳石。

凡嚮往成功的人，務必要先找到自己的遠大的目標。

訂立一個遠大的目標並不是一件容易的事情。除了要高遠的眼光、積極的心態外，還要有膽魄和毅力。幾乎人人都有夢想，知道夢想實現後是多麼的美好和偉大。但大多數人不敢把自己的夢想確立為自己的人生目標。他覺得那太遙遠，自己無力或不願費力地去追求他。

因此，若你要擁有遠大目標，就要有自信，有追求它的魄力。你要認為自己行，不能滿足於目前所擁有的成績。

當然，你的人生大目標並不一定要詳細精確。你的人生大目標，可能需要十年、二十年甚至終生為之拼搏。這樣的大目標是難以精確詳細的，尤其是對成功經驗不足、閱歷淺的人來說，更是如此。實際上，隨著你成功經驗的增加以及階段性的中短期目標的實現，你會站得更高。這樣，你對人生大目標的確立就會逐漸清晰明確。

3．進一步明確你的人生目標

「年輕人只要向正確方向走，是有一條成功的配方。」李嘉誠常常對年輕人如此勉勵。並說他的成功可以作為年輕人的「活生生例子」，因為當年就是沿著「正確方向」，每天工作十六個小時，盡全力工作，所以才有了今日的成就。李嘉誠在這裡所說的「正確方向」，就是正確而清楚的人生目標。

因此，人生目標、中短期目標都必須是明確的目標。「我要出人頭地」、「我要成功」、「我要發財」算不上是目標，只是一種虛幻的口號而已。目標不需詳細到具體的每一步，但必須是明確表述出來的一種客觀標誌，像成為一個企業家、一個物理學家等。看到這個目標，你就會立即清楚它的內容，即實現的大致起點、過程和需要的工具等。對於中短期目標，它的內容可以更豐富。

人們一般都明白，優秀的企業或組織都有10年至15年的長期目標。在這樣的企業或組織中，其決策或管理層總是在反省自己：「我們盼望公司在10年後是什麼樣的呢？」

「年輕人只要向正確方向走，是有一條成功的配方。」李嘉誠常常對年輕人如此勉勵。

他們總是按照這樣的想法來進行各種努力。對於他們來說，新的工廠並不是為了適應今天的需要，而是要滿足5年、10年以後的需要。各研究部門也是在針對10年或10年以後的產品進行研究和設計。

無可否認，你會從這樣的企業規劃與發展戰略中得到一些成功的啟示：你也應該計畫10年以後的事情。如果你期望10年以後變成怎樣，那麼現在你就應該變成怎樣。

正如沒有計劃的生意做著做著就會走了樣，沒有了生活目標的人慢慢也會變成另一個人。由於沒有了目標，我們根本無法成長。所以說，你出發之前，一定要有明確的目標。就像那些發展勢頭良好的公司一樣，我們每個人的生活工作也都要有明確的計畫與目標。

一般來說，一個人取得的成就要比他本來的理想小一點。因此在計畫你的未來時，眼光要遠大才好。你一定要使自己的目標明確，不然你就會難以達到你的理想，就像要你從一個從未到過的地方回來一樣。

只有你制定了準確、固定、清晰的目標，你才能察覺到自己的最大的潛能。否則你永遠只會是「徘徊的普通人」中的一個，哪怕你可能成為「有意義的特殊人物。」

一個沒有確定目標的人，正如一艘沒有舵的船永遠漂泊不定，只能到達失望、灰心和喪氣的海灘。

現在你可以反思一下，你有過具體的目標嗎？你的目標是什麼樣的？是具體的還是空泛的？是長期的還是短期的？

有了明確的目標，才能有正確的起跑線。沒有明確的目標就無法有清晰一致的前進方向；沒有起跑線就沒辦法規劃你的行程。有時，一個人有了地圖和指南針但仍然會無可奈何地迷失方向，這是由於只有當你知道指南針上的準確位置也即你現在的位置時，地圖和指南針才能發揮作用。所有高效率的機構，不論是企業、學校還是教堂、政府部門都是通過清楚的目標來指引機構內各成員的一切活動的。

為了使機構全體同仁全神貫注於既定的目標，就需要有某種東西來給你明確的指引，幫助你全神貫注於你的目標。當然，這種能給你明確指引的東西只能由你自己提供，別人是無法代勞的。或者說，使自己集中精力的最好方法，就是把自己的人生目標明確地表達出來。

我們每個人都盼望發現自己的人生目標，並為實現這個目標而生活和工作。如果你

一個沒有確定目標的人，正如一艘沒有舵的船永遠漂泊不定，只能到達失望、灰心和喪氣的海灘。

能把你的人生目標明確地表達出來，這樣就能幫助你隨時集中精力，發揮出你人生進取的最高時效。

你在表述你的人生目標時，一定要以你的夢想和個人的信念作為基礎。因為這有助於你把自己的目標定得具體且具有現實可行性。

不管你具備多大能力、才華或本事，一旦你無法支配它，並將它聚集在特定的目標上，並且一直保持在那裡，那麼你是永遠無法取得成功的。

4．訂立具體的階段性目標

人生目標是你一生追求的終點。但這個目標又是模糊的，很難把握。換句話說，目標有長期目標、中期目標和短期目標之分。人生目標是長期目標，它不需要很具體，但一定得明確。

從時間上說，20年、30年的目標也是長期目標，但相對於人生目標來說，仍然是階段性的。中短期目標是人生目標的一個個階梯，不但要明確，更得具體。為了充分發掘自己的潛力，達到成就的最大，應該將自己的人生目標與天賦相結合，通過一個又一個具體的階段性的目標實現，而逐步接近或者達到最後的目標。即使現今富可敵國的李嘉誠，當初也並沒有想到會有今日的輝煌。

「我開始創業的時候，原來打算做三年後再從頭念書，但現實環境有所改變，我當然有點傷心。但我後來想通了，就是我一個人做醫生，也不過是一個，假如我的事業成功，我可能每一年也培養了一、二百個人，結果會更加好。這目標我達到了！」

像我們為了登上一座山頂必須要一步比一步高地攀上山坡的中間點一樣，為了實現你的人生的追求，還必須要有明確的短期目標和中期目標。

為了保持高昂的鬥志，根據心理學實驗的結果，你的中短期目標必須是具體的、挑戰性的和可行的。太難或是太容易的事，都不具有挑戰也不會激發人的熱情。

中短期目標是現實行動的指南，一旦低於自己的水準，幹些不能發揮自己能力的事情，則不具有激勵價值。然而，如果高不可攀，拿不出一個切實可行的計畫來，不能在一兩年內明顯見效，則會挫傷積極性，反而起消極作用。

訂立中短期目標應該完全因人而異。個人的經驗、素質和現實環境的許可決定我們

中短期目標的依據。由於個人條件不同，我們訂立在中短期目標時，一定要根據自己的實際情況，例如經驗閱歷、素質特色、所處的環境條件等等，來使我們的目標既要高出我們的水準，又要基本可行。

就像蓋房子，當我們經驗不足時，就應先蓋小房子。有了蓋小房子成功的經驗，便可超出常規蓋大房子，摩天大樓。很顯然，倘若完全沒有蓋中小房子的經驗，卻貿然要制定蓋大房子的目標，這就不現實可行了。

當然，倘若我們長期停留在蓋小房子的水準上，這必定不會有激勵價值，也就談不上走向成功。

特別要說的是，只有具體、明確並有時限的目標才具有行動指導和激勵的價值。因此，你的中短期目標應盡可能具體明確，並有具體的時間限制。

一般而言，人們處世的原則總是該模糊的模糊，該清楚的則清楚。自然，你的成功目標的確定也不例外。

根據你的目標的大小和自身條件，短則半年甚至三個月，或者一兩年，或者三五年，總之必須要有個明確的界限。在商場上，「時間就是金錢」還有另一層意思：當你過了一定的期限後，即使你達到了你曾設想的目標，你也會失敗的，因為別人比你早到而占了先機，如搶先註冊了技術專利、佔據了市場等。

假如這樣的中短期目標還不具體明確的話，那就等於沒有目標了。

如果沒有明確具體目標的時限，任何人都難免精神渙散、鬆鬆垮垮，要完成自己所制定的目標也就會是一句空話，這樣就談不上成功和卓越。

因此，只有充分地了解了自己在特定的時限內完成特定的任務，你才會集中精力，開動腦筋，調動自己的潛能，並為實現自己的目標而奮鬥。

有人說，我將來長大要做一個偉人，這個目標太不具體了。目標必須具體，特別是中短期目標，如果不具體，不明確，就會像一面模糊的鏡子，照不清臉面，你就無法打扮自己。只有把目標具體化，才能制定出具體的行動計畫去實現它。而在我們實現了自己一個個中短期的目標後，必然會產生一種自豪。從而使我們更有信心向下一個目標前進。所以說，針對長期目標而言，這一個一個中短期的目標，正是我們人生的一個個加油的小站，使我們在到達這裡後精神上得到振奮，並滿懷自信地向更高目標攀登。

制訂中短期目標的方式多種多樣。目標可以用業績表示，也可以用時間表示。目標

目標必須具體，特別是中短期目標，如果不具體，不明確，就會像一面模糊的鏡子，照不清臉面，你就無法打扮自己。

可以涉及人生的領域，視你想取得什麼成就而定。例如，個人發展，身體健康，專業成就，人際關係，家庭責任，財務安排，等等。

當你想到什麼目標時就先寫下來。起初，你沒必要判斷這些目標是不是能夠實現，也不要管它們是長期的、中期的還是短期的。這個階段重要的是要有創意，有夢想。把能想到的都寫下來後，再對照你的人生目標檢查一下。其後，可以問自己兩個問題：

一、是目標是否使自己向確定的理想邁進了一步？如果你發現這些目標之中有什麼與你的人生目標和你的理想不符合，一般來說你可以有兩種選擇：把它去掉、忘掉，或重新評估你的人生目標，考慮改寫。一旦你沒有制定和自己的理想相符的目標，你就不可能實現自己的理想，成為成功人士。

二、是你已經記下了為實現理想必須達到的兩個至五個目標了嗎？這個問題能幫助你弄清楚你所定下的目標是不是完全。如果發現你的理想要求你達到另外幾個目標，就把這幾個也寫下來。當你把中短期目標都定下來之後，你就可以著手制定具體的實現計畫了。

5．確立並堅持自己的追求

如果能夠把追求可以比作起點與目標之間的艱難跋涉，那麼實現目標的過程就是追求，它不僅需要時間，更需要勇氣和堅忍不拔的毅力。

每個人都有自己的成功夢想，然而能實現自己的夢想的人卻很少。因為大多數人沒有追求，即不敢行動或經不起風浪而半途而廢。如果沒有追求，你的夢想永遠只是一個夢想。下決心實現自己的夢想，並義無反顧地邁出自己的步子，用實際行動去構建自己的夢想才是成功的關鍵。觀察一下那些成功者，他們成就自己生命輝煌的起點，無一不是從下決心為人生目標不懈奮鬥開始的。

追求是一個需要你披荊斬棘的過程。人們喜歡平坦的大道，不喜歡艱難曲折。而成功恰恰是在崎嶇道路的終點。對任何想成就大業的人來說，追求的過程實際上就是戰勝一切不平坦的過程。因此，你想成功，就不要因恐懼失敗而灰心喪氣，也不要因別人的指指點點而猶豫徘徊。不盲從，也不隨俗，走自己的路，一定能走出一條成功之道。

世上許多人，因恐懼失敗而灰心喪氣，結果無法實現理想，成為不可救藥的失敗者。事實上，這些失敗者，與其說恐懼失敗本身，不如說「恐懼因失敗遭受世人的批評。」多數人因太過恐懼世人的批評，而受親朋好友、傳播媒體等的影響，無法過自己想要過的那種人生，他們一輩子都在扮演「別人希望的角色」。

人是不可能完美的，無論你做得多好，也無法達到每個人的要求。人生充滿艱難險阻，能在困頓中學會良好的適應之道，便能邁向成功。挫折是人生追求道路上的試金石。任何成功的人在達到成功之前，沒有不遭遇失敗的。沙克是在試用了無數介質之後，才培養出了小兒麻痹疫苗。

你應把挫折當做是使你發現你思想的特質以及你的思想和你的明確目標之間關係的測試機會。如果你真能了解這句話，它就能調整你對逆境的反應，並且能使你繼續為目標努力，挫折絕對不等於失敗——除非你自己這麼認為。

然而，挫折並不保證你會得到完全綻開的利益花朵，它只提供利益的種子。你必須找出這顆種子，並且以明確的目標給它養分並栽培它，否則它不可能開花結果。

你應該感謝你所犯的錯誤，因為如果你沒有和它作戰的經驗，就不可能真正了解錯誤之所在。

追求的力量來源於對成功的希望。不同的人有不同的追求，因為每個人的希望不同。一般來說，你的希望與結果成正比。如果你抱著微小希望的話，只能產生微小的結果。人的內心有著無限的力量，即潛能。這個力量一般通過追求來釋放。當一個人充分發揮出他這種內在力量時，他的人生就會有驚人的光輝。這種變化雖然剛開始時不能自覺到，可是不久他就會受到潛能的供給，而對自己發出的龐大力量感到驚訝，就會發現自己的本性是何等的偉大。因此，他就會勇敢地面對自己未來的命運。

我們的能力像沉睡的礦藏深深地埋在地下，若能把它發掘出來，發展下去，人生就會有驚人的發展，不可能的事也會陸陸續續地變成可能。

因此，不管你現在處在何種惡劣環境中，也不要被環境困頓，而要為了達到目標去努力，向著更大的目標挑戰。如果發現了人生的意義，你就可以算是已經一步一步地走向成功之路了。

所以，你應該找一個值得你努力的追求，最好有個計畫表，註明遇到不同情況時，你希望有什麼處置。在你面前經常有個你「盼望」的東西，為它工作，為它期望，不要

我們的能力像沉睡的礦藏深深地埋在地下，若能把它發掘出來，發展下去，人生就會有驚人的發展，不可能的事也會陸陸續續地變成可能。

往後看，要培養對將來的「盼望。」

對「將來的盼望」，能使你保持活力；假若你不再是成功的追求者，而且有「不盼望任何事」的現象，你就會感到無所適從。

6・不要迷失了前進的方向

李嘉誠認為，一個有作為的企業家，任何時候都應該保持頭腦清醒，他說：「不敢說一定沒有命運，但假如一件事在天時、地利、人和等方面皆相背時，那肯定不會成功。若我們貿然去做，至失敗便埋怨命運，這是不對的。……與其到頭來收拾殘局，甚至做成蝕本生意，倒不如當時理智克制一些。」

目標給了你一個看得著的射擊標靶。隨著你努力把這些目標逐步變成現實，你就會有成就感。

對多數人來說，制定和實現目標就像一場比賽。隨著時間的推移，你實現了一個又一個目標，這時你的思考方式和工作能力會逐漸進步。就想射箭手練習射箭，你不可能一開始就一箭命中靶心，你必須從能射中靶子開始，一箭箭地提高準確性。

當然，重要的是你的目標必須是具體的、能夠實現的，是能夠聚焦你的目光的。假若你的目標不具體，你就沒法將你的能量凝聚起來，這樣就會打擊你不斷創造進取的積極性。由於目標是你獲得成功的動力的源泉，一旦你無法瞄準目標，你就會洩氣，並最終半途而廢。

然而，一旦瞄準了目標，你就能夠充分發揮潛能。沒有目的的人，儘管他們有巨大的力量與潛能，然而卻把精力放在小事情上，而小事情讓他們忘記了自己本應做什麼。當然，要發揮潛力，你必須全神貫注於自己的優勢並且會有高回報的方面。瞄準目標能助你集中精力，因為當你不斷地在自己有優勢的方面努力時，這些優勢就會進一步得到發展。

記住，在達到目標時，你自己已成為什麼樣的人比你得到什麼東西重要得多。

再一點，瞄準目標能使你有能力把握現在。只有成功人士才能把握現在。人是在現實中通過努力來實現自己的目標的。儘管目標是朝著將來的，是有待將來實現的，但目標卻讓你把握住現在。實際上，大的任務是由一連串小任務和小的步驟組成的，實現任

目標給了你一個看得著的射擊標靶。隨著你努力把這些目標逐步變成現實，你就會有成就感。

何理想，都要制定並且達到一連串的目標。每個重大目標的實現都是一連串小目標小步驟實現的結果。

因此，假如你集中精力於此時此刻手邊的工作上，心中明白你現在的種種努力都是為實現將來的目標鋪路，那麼你就能走向成功。

最後，瞄準目標能使你把工作重點從工作本身轉到工作成果上。那些失敗的人總是混淆了工作本身與工作成就。他們以為大量的工作，尤其是艱辛的工作，就一定會帶來成功。然而任何活動本身並不能保證成功，且不一定是有用的。要一項活動有意義，就一定要使它朝向一個明確的目標。也就是說，成功的尺度不是你做了多少工作，而是你獲得了多少成果。許多失敗的人自認為忙碌就是成就，幹活本身就是成功。可實際上，他們卻毫無成果。

瞄準你的目標恰好能幫你避免這種情況的發生。因為一旦你制定了目標，又定期檢查工作進展，你自然就把重點從工作本身轉移到工作成果上了。僅僅用工作來填滿每一天，這對你來說根本不意味著成功。取得足夠的成果來實現你的目的，這才是評估你的成績大小的正確方法。

隨著一個又一個目標的實現，你就會漸漸明白實現目標需要多大的力氣。不但這樣，你常常還能悟出怎樣用較少時間獲得較多的價值，這會反過來引導你制定更宏偉的目標，實現大的理想。隨著你工作效率的不斷提高，你對自己、對別人會有更加準確的看法了。

所以，當你訂立人生目標時，只要有個較明確的方向和大致程度要求就可以了，例如立志做個卓越的科學，或是立志做個大企業家，或是立志做個改變世界的政治家等等就可以了。

一旦你確立了明確的奮鬥目標，你應該投入你全部的熱忱，發揮全部潛能，瞄準你的標靶不懈出擊，終會如願。

7．「一心一意地朝著目標走」

談到自己的成功，李嘉誠說：「在事業上謀求成功，沒有什麼絕對的公式。但如果能依賴某些原則的話，能將成功的希望提高很多。……成功實際上是相對的。創業的過

程，實際上就是恒心和毅力堅持不懈的發展過程，這其中並沒有什麼發達祕密，但真正做到中國古老的格言所講的『勤』和『儉』也不太容易。而且，從創業之初開始，還要不斷地學習，把握最初時間。」

一九八六年，在一次接受香港電臺採訪時，李嘉誠進一步解釋說：「任何理想的實現，都不可徒囿於空中樓閣的構想，而必須先奠下穩固的基礎，然後循名責實，按照計畫向目標邁進。」一九八九年，李嘉誠則在向加拿大卡爾加里大學的畢業生講話時，明確提出：「提出自己意見前，更要考慮別人的見解，最重要的是創出新穎的觀念。當你做出決定後，便要一心一意地朝著目標走。」

李嘉誠的成功，是人所共知的。除了在制定決策中深思熟慮之外，他很重要的一個成功原則，就是決策一旦定下來，不論遇到多大的困難，都會始終堅持向著這個決策進行，中途不會三番四次的左改右改。

李嘉誠曾經這樣說過：「我告訴你們我的做法，我不會因為今日樓市好景，立刻買下很多地皮，從一購一賣之間牟取利潤。我會看全區域，例如，供樓的情況，市民的收入和支出，以至世界經濟前景，因為香港經濟會受到世界各地的影響，也受國內政治氣候的影響。所以在決定一件大事之前，我很審慎，會跟一切有關的人士商量，但到我決定一個方針之後，就不會變更。」

所謂「定力」，是指在工作過程中所表現出的不為繁雜現象迷惑，不為利欲誘惑，不為暫時困難困擾，百折不撓、堅忍不拔、執著追求的個性與品格。

究其根本，「定力」其實是一種特殊的心理素質。不妨從以下三方面著手修煉自己的「定力」：臨難不亂。難是一種客觀現象，而且它永無止境。因此，當面對棘手的難題時，首先要做到從容接受、寬懷以待。一旦周圍同仁和領導從你身上感受到了堅定的力量，他們必然會信任你。因此，才有「笑迎困難是成功開始」的說法。反之，如果你被畏難情緒所左右，連正常能力都發揮不出來，那麼，創造好業績肯定無從談起。管理素質和個人能力往往都是在不斷克服困難中獲得的。

化難為易。複雜頭緒中的關鍵線索就像牛鼻子上的繩索，一旦找到了它，便可以化難為易、以簡御繁。當面對複雜多變的問題時，他只有運用簡約思維方式，才能順利切入問題的核心，提高把握問題的準確度。在這個過程中，須有睿智的管理智慧，才能迅速地從一團亂麻中理出頭緒來。

李嘉誠的成功，就是決策一旦定下來，不論遇到多大的困難，都會始終堅持向著這個決策進行，中途不會三番四次的左改右改。

知難而進。無論你遇到什麼問題，甚至遭遇風險，都應鼓足勇氣、勇往直前。這樣方能歷練出自己獨有的執行「攻擊力。」不難發現，優秀企業的領軍人物身上都具有知難而進的特質。那些在困難面前猶豫不決、徘徊不定、企圖以投機取巧的心態來迴避問題的人，最終只能成為平庸者。

8. 「要做就做好，最怕半途而廢」

李嘉誠經常對同事說，「做任何事都一樣，要麼不做，要做就做好，最怕半途而廢。」因為做成一件大事往往是很磨人的，特別是對於辦學校這種被稱為「無底洞」的事情，沒有百折不回的堅強意志是做不到的。但是，李嘉誠卻做到了。在辦好「汕大」這件事上最清楚地體現出李嘉誠的「超人」意志。

李嘉誠先生對他所捐建的汕頭大學，以及汕頭大學醫學院、汕大醫學院附屬一院、附屬二院、腫瘤醫院，還有精神衛生中心，從思想意志到行動，確確實實做到了「一柱擎汕大，弘毅克艱辛。」他那「終生不渝」，「無私奉獻」，「鍥而不舍，金石可鏤」，「充滿希望」的意志和敬業精神；他那披荊斬棘，頑強奮鬥，頑強拼搏、頑強奪取事業成功的精神；並不因歲月的飛快流逝而有所減色，並不因受阻於這樣那樣的困難而有所退縮。他總是這樣充滿著頑強意志和滿腔豪情地展望著、迎接著那輝煌的一天的到來。

一九九三年2月8日，李嘉誠曾深情地對新聞記者們說：「我是在一九七八年國慶期間，頭一次跟莊世平先生到北京參加國慶觀禮的。」「到今天，回來已不知有數十次了！但是沒有一天是來玩的。……不管到內地哪個地方，人們都稱道潮汕是最好的。而在外國，不管在哪個國家，人們也都說中國最好。這是真心話！我們祖國有五千年文化傳統，我們人民又都是刻苦、耐勞的！」李嘉誠先生由衷地說：「我的最大願望就汕頭大學能培養出傑出的人才。辦一所大學比辦一個企業要困難得多，像我這個年紀，辦一個十萬人的工廠或者企業，可以辦得既輕鬆又賺錢。我們粵東應該有一所像樣的高等學府。辦大學儘管存在著很多困難，但我還是要盡心盡力把它辦好！」

在香港，因受世界經濟危機週期的影響，在一九八三年也出現經濟不景氣現象。這個經濟不景氣形勢嚴重影響著李嘉誠先生的「長實」王國的生意。有數字表明，李嘉誠

李嘉誠經常對同事說，「做任何事都一樣，要麼不做，要做就做好，最怕半途而廢。」

先生的長江實業（集團）有限公司在一九八一年的淨增盈利達到一萬三千八百五十四億港元，處於事業發展的巔峰期。可是，在一九八二年該公司淨盈利卻下跌到五千二百五十六億元，比一九八一年的淨盈利下跌62％。一九八三年，該公司淨利繼續下降至4億多元，香港經濟處於一個衰退期。這給李嘉誠的事業發展帶來了嚴重困難和巨大壓力。

這段時間，不少社會流言紛至遝來！有說：「汕大要收攤了！」有說「李嘉誠不準備辦汕大了！」有說「汕大的建校藍圖要泡湯了！」甚至有些好事好奇者還專門跑到建校工地，看一看工地有什麼動靜？看一看汕大籌委會辦公室的牌子收起來沒有？問一問汕頭大學創業者隊伍中到底有沒有走人？沸沸揚揚的「流言」不無令人產生疑慮……

就在香港經濟和「長實」也面臨著很多危機的時刻，李嘉誠說話了。一九八三年5月23日，李嘉誠給汕大籌委會主任吳南生寫了信。信中這樣寫道：「鑒於汕大創辦的成功與否，較之生意上以及其他一切得失，更為重要。」「為國家為社會為後代，千方百計以破釜沉舟之精神，使建校計畫如期完成並臻於完善，早日發揮其長遠而有價值之作用。瞻望前景，本人謹以欣切心情，追隨諸位，以期樂觀厥成。」

這就是李嘉誠明朗的態度和堅定不移的信心。是年6、7月間，李嘉誠先後向莊世平先生、林川先生等及老朋友們都說過：「無論經濟起伏，本人終生不渝為教育和醫療事業盡力的決心，一定不會改變。就是賣掉辦公大樓，我也一定要把汕大辦下去！」

從一九八〇年5月汕頭大學籌委會的成立到一九八三年秋天，汕頭大學首期建校工程開工和第一屆招生辦學，標誌著李嘉誠先生「報效家國，興學育才」的第一個階段的順利進展。

一九八三年12月31日晚，李嘉誠出席「汕頭大學奠基典禮慶祝大會」，並於一九八四年元旦出席「奠基典禮剪綵儀式。」這個階段的重點是首期建校計畫的實施及辦學實踐。一方面是抓「硬體」建設，一方面抓「軟體」建設。前者提供辦學基礎、環境條件；後者即「教書育人」，為四化建設造就人才。

在李嘉誠的一系列關於如何辦好汕頭大學的談話和決策中，既有中國儒家的傳統教育思想，也有本世紀尤其是二十世紀80年代以來西方先進國家新觀念。這與當年陳嘉庚先生「毀家紓難」獨資創辦廈門大學的義舉和時代畢竟已經不可同日而語了。李嘉誠的辦學思想已跨越了若干個年代的「飛躍」。同時，李嘉誠創辦的汕頭大學，創建於汕頭的經濟特區，屬南國邊隆一隅，起步較慢，但從它創辦的指導思想、規格、要求和地位，從它建校伊始，便已屬於高水準、高要求、高規格，更見不同凡響！

從二十世紀80年代開始，李嘉誠把許多的精力和時間都投放在如何辦好汕頭大學上面。這是李嘉誠先生承續家傳、家教、家風以至人生夙願的付之行動和實施。

一九八四年元旦，在汕頭大學奠基典禮剪綵儀式後，在龍湖賓館舉行的中外記者招待會上，李嘉誠回答了記者們的問題。

李嘉誠對記者們說：「創建汕頭大學是一個國民應盡的天職。支持國家，報效桑梓，乃是我抱定的宗旨！」因為「最先進的科學技術和機器，也需要靠有優秀思想文化素質的人才去操縱去控制。汕頭大學的創辦，就是為國家四化培養人才，為潮汕地區培養出一流人才。為潮汕人民服務，為改變潮汕的落後面貌出力！」

在此之前的一九八三年11月，「汕大」首期建校工程開之後不久，李嘉誠又考慮到另外一個重要問題，即汕大與世界各國的大學發展與擴大學術交流問題。李嘉誠又另外捐資二千萬港元，成立香港李嘉誠汕頭大學基金會有限公司，做汕大發展國際上的學術交流及派遣出國留學生用度。

李嘉誠給汕大籌委會主任吳南生等人的信中寫道：「本人鑒於汕頭大學成立後，將以新人事、新作風樹立嶄新風格，因而在學術交流上應有所準備。各學系之教授，應與國外著名大學相互交流有關學術、科技、管理及行政上之經驗，藉以吸收外來之新科學知識，並發揚我國文化……」

儘管當時李嘉誠面對的是香港經濟的嚴重困難時期，但是為了汕大的事業，他除了自己要付出許多時間關心汕大工作外，在香港公司內，還組織了一個專門負責汕大事務的工作班子。經常派出工作人員來校了解情況解決問題和困難。派出專家和建築師，到建校工地進行具體現場指導，嚴格要求建校工程品質上乘。多方蒐集世界先進國家名牌高等院校的有關教學、科研、行政、管理的先進經驗及資料，送給汕大圖書館供教職員工學習、參考、借鑒。在繁忙的商務活動中，總要安排時間會晤到香港的世界知名學者、專家、教授、傾聽他們的關於如何辦好汕頭大學的意見。每次到外國進行商務活動，也總要安排出一定時間，去訪問一所有影響有名氣的大學，去獲取經驗，去取得感性認識。還積極為汕大聘請外籍教師，為汕大教師出國深造、訪問、講學，爭取參加有關國際性學術會議等等創造了許多有利條件，提供了許多的方便。

李嘉誠對辦好汕大，一往情深，不僅好多事都親力親為，而且還有一套科學合理的構想。他提出：「汕大要辦成一流大學。教授要有真才實學，行政人員也要精明能幹。學校結構要少而精，工作要講究效率。」「要唯才是用，用人唯賢，用人要先得人心。要加強管理，提高效率。」「要聘請有真才實學的教師，培養高品質學生。對學生要嚴格要求，樹立發奮學習、求實嚴謹學風，尊重社會公德。」

為了辦好汕大，李嘉誠強調說：「我對汕大的事業是堅抱信念，永恆如一，竭盡綿力，毫無私心。」

根據李嘉誠先生的辦學思想和國家規定的社會主義教育方針，汕頭大學也從實際出發，相應地規定了「立足粵東，面向全省，對外開放」的辦學方向。

從一九八三年10月建校首期工程動工開始，到一九八六年學校大禮堂竣工交付使用止，共經過32個月時間，汕頭大學首期工程宣告勝利建成招生辦學也連續增至第三屆。

在汕大創建史的這個第二階段，汕頭市委、市政府對汕大的建設做出了許多有力的支援和支援。一九八四年10月，汕頭市政府就專門做出《關於支持辦好汕頭大學的決定》。一九八五年12月9日，汕頭市政府又發佈了關於《汕頭大學周圍自然環境保護區管理規定》，並認真付之實施。對地方的大力支持，李嘉誠多次念念不忘地提到，「要感謝地方黨政的大力支持！」

在這一階段，當時的國務院副總理姚依林、谷牧，中共廣東省委第一書記任仲夷等都到汕大視察工作。谷牧多次讚揚李嘉誠先生「很有陳嘉庚精神！」

一九八五年4月6日至8日，李嘉誠先生辭卻一次在美國的重要商務活動，卻專程到汕頭大學巡視工作。這是汕大創建史上李嘉誠的第三次汕大行。除重點巡視建校工程外，他主要是來和教職員工們見面，和大家談心、鼓勵、提要求。

那時，學校大禮堂還沒建成。用的是舊的簡陋的原汕頭市黨校的舊禮堂。坐椅是大木板凳子。林川書記微笑著說：「我們歡迎李嘉誠先生的到來，沒有鮮花和彩旗。因為我們是一家人，只有清茶一杯！」林川的幽默引得大家會心微笑。

李嘉誠先生對大家說：「我們都是一家人！汕頭大學就是我的家。儘管我在香港的事務是很忙，但我任何事情都可以放下，唯獨汕大的事我不能放下。以後每一年，我都要回到家裡來走走。」又說：「凡是汕大要辦的事，我隨叫隨到！今天叫，明天到。好不好？」

李嘉誠誠懇地緊握著中文系老教授梁東漢（古漢語專家）的手，說：「先父是教書的。我深知教師的辛勞！我所做的一切，絕不會使你們失望！」

李嘉誠上門去拜訪來自寧夏的蒙古族薩本仁副教授（歷史學家）一家。誠懇地說：「深深感謝你們的韓文公精神！」在旁的吳南生主席笑著插話道：「他們比韓文公來的地方還更遠著哩！」

李嘉誠緊握著化系副教授陸剛的手說：「我們明天一起要共同努力做好的工作，最好在昨天下午就都要認真準備好！」

李嘉誠還上門探望巴西僑眷、數學系副教授吳樂光，他滿懷豪情地對大家說：「我們都是同一條船上的人，我們都要同舟共濟！希望汕頭大學的船，跑得快些、遠些，順風千里，滿載而歸！」李嘉誠感觸殊深地對吳南生、林興勝、林川、羅列等人說道：「人生在世，能夠為大家做事，對一個人來說，這個辛苦值得！」「我們要讓外國人看看，中國人是怎樣辦大學的！」

李嘉誠重申：「汕頭大學的事業，始終放在我自己一切事業的首位！」

幾經艱苦奮戰，汕頭大學首期建校工程在一九八六年5月宣告完成。無論從品質和速度來說，都創下了「全國第一！」

9.「擴張中不忘謹慎，謹慎中不忘擴張」

「進取中不忘穩健，在穩健中不忘進取，這是我投資的宗旨。」這是李嘉誠常說的一句話。一九五五年，他把困境中的長江挽救成功，扭轉厄運，並且業務漸入佳境，某一天，他便以此話告訴員工。

二〇〇一年2月2日，身為「長實」這一龐大商業帝國掌門人的李嘉誠，再次解釋說：「我本身是一個很進取的人，從我從事行業之多便可看得到。不過，我著重的是在進取中不忘穩健，原因是有不少人把積蓄投資於我們公司，我們要對他們負責任，故在策略上講求穩健，但並非不進取，相反在進攻時我們要考慮風險及公司的承擔。事實上，我們現在有很多進取的業務正在進行中，只是未向外宣布。……我講求的是於穩健與進取中取得平衡。船要行得快，但所面對的風浪一定要捱得住。」

而多年來，「進取中不忘穩健，在穩健中不忘進取」，這句話亦成為了李嘉誠投資

「進取中不忘穩健，在穩健中不忘進取，這是我投資的宗旨。」這是李嘉誠常說的一句話。

的宗旨，令他戰無不勝。可以說，穩健已經融入李嘉誠的性格，他曾說過：「作為一個龐大企業集團的領導人，你一定要在企業內部打下堅實的基礎，未攻之前，一定要守，每一個策略實施之前，都必須做到這一點。當我著手進攻的時候，我要確定有超過百分之一百的能力。換句話說，即是我本來有一百的力量便足以成事，但我要儲足二百的力量才去攻，而不是隨便賭一賭。」

李嘉誠親身經歷商場上的變化千萬，僅以他經營塑膠花為例，當年從塑膠用品生產塑膠花，李嘉誠是全香港第一位進入這個行業的。之前，香港所有的塑膠廠，不是生產塑膠用品，就是生產塑膠玩具。後來，李嘉誠轉為生產塑膠花，因而賺了不少錢。其他廠家見塑膠花有利，就一窩蜂地湧入。這時，差不多凡是做塑膠行業的工廠，大部分都轉為塑膠花，只有小部分仍在生產塑膠用品。當人們都看好塑膠花的時候，李嘉誠沒有盲目擴大，而是謹慎地步步為營，並且在塑膠花市場達到頂峰時，很果斷地退出了這個市場。

一貫行事穩健的李嘉誠，素來不喜歡搶飲「頭鍋湯」。假如過一條冰河，李嘉誠絕不會率先走過去，他要親眼看到體重超過他的人安然無恙走過，他才會放心跟著走。雖然把「摸石頭過河」的任務交給別人，自己有可能遲人一步，但是由於少走了彎路，仍然有可能後發先至。

當然，對於富於闖勁、敢於冒險的人來說，先行一步，占得先機，往往可以得到更大的利益，可是也需要冒巨大的風險。李嘉誠更習慣於後發制人。遲人一步當然也可能喪失先機。但是遲人一步可以將形勢看得更清，少走彎路，鼓足後勁，可以更快地迎頭趕上。縱觀李嘉誠平生的商業活動，可以看出，李嘉誠一貫以穩健為重。

李嘉誠進入房地產的時候，房地產還不是大熱門，但絕非冷門。房地產已經成行成市，很多人熱中於賣樓花。所謂賣樓花，就是一反原來地產商整幢售房或據以出租的做法，在樓宇尚未興建之前，就將其分層分單位（單元）預售，得到預付款就動工興建。賣家用買家的錢建樓，地產商還可將地皮和未完成的物業拿到銀行按揭（抵押貸款），可謂是一箭雙鵰。

銀行的按揭制日益完善。用戶只要付得起樓價的10%或20%的首期，就可以把所買的樓宇向銀行按揭。銀行接受該樓宇作抵押，將樓價餘下的未付部分付給地產商，然後，收取買樓宇者在未來若干年內按月向該銀行付還貸款的本息。無疑，銀行承擔了主

假如過一條冰河，李嘉誠絕不會率先走過去，他要親眼看到體重超過他的人安然無恙走過，他才會放心跟著走。

要風險。

在眾地產商賣樓花蔚然成風的情況下，李嘉誠冷靜地研究了樓花和按揭後得出結論：地產商的利益與銀行休戚相關，地產業的盛衰直接影響銀行。正所謂唇亡齒寒，一損俱損。因此，過多地依賴銀行，未必就是好事。於是，根據高利潤與高風險同在的簡單道理，李嘉誠制訂了三條方略：

其一，資金再緊，寧可少建或不建，也不賣樓花以加速建房進度；其二，儘量不向銀行抵押貸款，或會同銀行向用戶提供按揭；其三，不牟暴利，物業只租不售。總的原則是謹慎入市，穩健發展。

一九六一年6月，廖創興銀行擠兌風潮證實了李嘉誠穩健策略的正確。

廖創興銀行由潮籍銀行家廖寶珊創建。廖寶珊同時是「西環地產之王。」為了高速發展地產，他幾乎將存戶存款掏空，投入地產開發，因此引發存戶擠兌。這次擠兌風潮，令廖寶珊腦溢血死亡。

李嘉誠從自己所尊敬的前輩廖寶珊身上，更加清醒地看到地產與銀行業的風險，同時也深刻地認識到投機地產與投機股市一樣，「一夜暴富」的背後，往往是「一朝破產。」因此，作為地產界的新秀，李嘉誠始終堅持穩健的步伐。

後來，在一九六五年1月，明德銀號又因為投機地產發生擠兌宣告破產，全港擠兌風潮由此爆發，整個銀行業一片淒風慘雲。廣東信託商業銀行轟然倒閉，連實力雄厚的恒生銀行也不得不出賣股權給滙豐銀行才免遭破產。靠銀行輸血的房地產業一落千丈，一派肅殺，地價樓價暴跌。脫身遲緩的炒家，全部斷臂折翼，血本無歸。地產商、建築商紛紛破產。而在這次大危機中，李嘉誠的損失卻甚微。這完全歸功於李嘉誠穩健發展的策略。

當然，李嘉誠不賣樓花，我們就不能說賣樓花一定會失敗。事實是，賣樓花的做法，在今天的房地產界依然大有其市。正所謂商無定法，條條大路通羅馬。關鍵是我們必須從李嘉誠的做法中吸取有益的啟迪。李嘉誠初入地產行業，羽翼未豐，他輸不起賠不起，因此他採取不輸不賠但資金回籠緩慢、賺頭不大（與賣樓相比）的只租不售的穩健發展策略。這也符合李嘉誠與生俱來的一貫性格。

到了李嘉誠成為香港「超人」時，仍然抱著「穩健發展」的策略。香港傳媒，常用「擎天一指」，形容在拍賣場上競價的李嘉誠。其實，「擎天一指」指的是李嘉誠強大的經濟實力。拍賣場上的李嘉誠，並未顯示出橫掃千軍、力挫群雄的必勝氣概。

比如土地拍賣，李嘉誠認為不取此塊地，以後還有他塊地，目的都是發展地產賺錢，「不可持買古董的心理」。因此，每次參加競投，李嘉誠都會事先周密地研究出拍賣物件的現有價值和發展價值，定出最高價。若超過此價，李嘉誠則會毫不猶豫地果斷退出，一點也不會有貪念。

記者採訪李嘉誠，問：「都說您是拍賣場上『擎天一指』，志在必得，出師必勝，可您有時為何還是中途退出？」

李嘉誠幽默地說：「那是因為超過了我內心定的價。你們沒看到我想舉右手，就用左手使勁捉住；想舉左手，就用右手捉住。」在李嘉誠收購九龍倉的過程中，他的左手就把那隻已經抬起來的右手硬生生地給按了回去。

一九七七年4月，李嘉誠投資2.3億港元，以每股12.45港元收購了美國財團控制的香港永高公司的股票1048萬股，成為全資擁有。

永高公司擁有香港心臟地帶的中環銀行區的部分物業，還擁有在香港占地3.9萬平方英尺、800個房間的希爾頓大酒店和在印尼巴厘島占地40英畝、400個房間的凱悅大酒店。

李嘉誠耗鉅資收購美資永高公司，顯示了崛起的華資史無前例的力量，開創了香港華人企業家吞併外資企業的先河。

收購美資永高公司之後，李嘉誠把目光和精力都投注到雄霸香港的英資身上。他把第一個目標對準了香港地王——置地。

李嘉誠勇吃螃蟹，除了收購本身的利益外，更重要的是以開先河之舉重塑形象，引人注目，從而為日後的大規模收購拓展奠定基礎。

九龍倉是香港最大的貨運港，是香港四大洋行之首的怡和系控有的一家上市公司，與置地公司並稱為怡和的「兩翼」。

九龍貨倉有限公司擁有眾多產業，歷史悠久，資產雄厚。李嘉誠一直以置地為對手，對九龍倉沒有多加注意。後來，九龍倉把貨運業務遷到葵湧和半島西，將地皮騰出來用於發展商業大廈。九龍倉的這番大動作引起了李嘉誠的關注。

李嘉誠開始研究九龍倉。他十分羨慕九龍倉的這塊風水寶地。九龍倉先後建有海港城、海洋中心大廈等著名建築。李嘉誠研究發現，九龍倉在經營方式上存在缺陷：仍在固守著用自有資產興建樓宇，只租不售的傳統方式，造成資金回流滯緩，使集團陷入財政危機。

九龍倉為解危機，大量出售債券套取現金，又使得集團債臺高築，信譽下降，股票貶值。李嘉誠曾多次設想，若由他來主持九龍倉舊址地產開發，絕不致陷於如此困境。自從長江上市，李嘉誠在興建樓宇「售」與「租」的問題上，奉行謹慎而靈活的原則。若手頭資金較寬裕，或樓市不景氣樓價偏低，就留做出租物業；若急需資金回流，便加快建房速度，樓市景氣樓價炒高，則以售樓為宜。

李嘉誠分析九龍倉股票貶值股價偏低的原因是由於經營不善造成的，因此，他十分看好九龍倉股票。精於地產股票的李嘉誠算了一筆細帳：一九七七年末和一九七八年初，九龍倉股票價在13至14港元之間。九龍倉發行股票不到1億股，就是說它的股票總市值還不到14億港元。

九龍倉處於九龍最繁華的黃金地段，按當時同一地區官地拍賣落錘價每平方英尺六千至七千港元計算，九龍倉股票的實際價值應為每股50港元。九龍倉舊址地盤若加以合理發展，價值更是不菲。因此，九龍倉的股票市值大大低於其實際價值，可謂是一塊大肥肉。

李嘉誠核定，即使以高於時價的5倍價錢買下九龍倉股也是合算的。於是，李嘉誠決定打一場大仗，全面收購九龍倉。方略已定，李嘉誠就開始思考戰術問題。他認為要想成功收購九龍倉，關鍵就在於不能驚動怡和系，不能讓其有所察覺，否則，以怡和系的實力，誰都難以從其手上奪走九龍倉。也就是說，收購九龍倉股票決然不能聲張！

於是，李嘉誠不顯山露水地採取分散戶頭暗購，悄悄地從散戶持有的九龍倉股中買下了二千萬股。當時，他通過智囊了解到，一貫被稱為怡和兩翼的九龍倉和置地，在控股結構上並非平等關係。怡和控置地，置地控九龍倉，置地擁有九龍倉近20%的股權。

現在李嘉誠暗暗吸納的九龍倉股，約占九龍倉總股數的20%。這意味著，目前九龍倉的最大股東將不是怡和的凱瑟克家族，而是李嘉誠。

因此，20%的控股，無論對李嘉誠還是對怡和，都是一個敏感而關鍵的界線。現在，李嘉誠已經為進一步購得九龍倉與怡和在股市公開較量，鋪平了道路。

隨著爭奪九龍倉的前哨戰的勝利，李嘉誠很清楚，他的祕密行動始終會曝光，因為戰場是公開的。

九龍倉股成交額與日俱升，果然引起證券分析員的關注。嗅覺敏銳的職業炒家感到

其中有戲，立即介入，九龍倉股被炒高。甚至各大華資財團、英資財團和一些外資財團，也紛紛出馬加入，來分一杯羹。九龍倉股水漲船高，只升不降。

一九七八年3月，九龍倉股急竄到每股46港元的歷史最高水準。這已和九龍倉股每股實際估值相當接近了。此時，李嘉誠已經成功地控有了九龍倉近20%的股票。於是，他暫緩再吸納。

這時候，九龍倉集團方始察覺是李嘉誠挑起戰火。九龍倉的老闆馬上佈置反收購，到市面上高價收購散戶所持的九倉股，以增強其對九龍倉的控股能力。但是，怡和的現金儲備也不足以增購到絕對安全的水準。怡和為保江山不失，只好打出最後一張王牌，求助於英資財團的大靠山——滙豐銀行。

滙豐大班沈弼親自出馬斡旋，奉勸李嘉誠放棄收購九龍倉。李嘉誠審時度勢，認為不宜同時樹怡和、滙豐兩個強敵。再說，日後長江的發展，還期望獲得滙豐的支持。不談長遠，就說眼前，如果拂了滙豐的面子，滙豐必然貸款支持怡和，有滙豐與怡和聯盟，李嘉誠收購九龍倉肯定落空。倒不如賣一個人情給滙豐。

李嘉誠答應沈弼，鳴金收兵，不再收購。當時，李嘉誠知道正欲「棄船登陸」的船王包玉剛也在收購九龍倉股票，並且志在必得。李嘉誠權衡得失，決定把球傳給包玉剛，將手中擁有的九龍倉一千萬股股票轉讓給包玉剛讓包玉剛射門——直搗九龍倉。

李嘉誠賣人情給包玉剛，包玉剛自然是求之不得，喜出望外。兩人商定，李嘉誠把手中的一千萬股九龍倉股票以3億多港元的價錢，轉讓給包玉剛，而包玉剛則協助李嘉誠從滙豐銀行承接和記黃埔的九千萬股股票。後來，李嘉誠又把手頭剩餘的九倉股全部轉讓給包玉剛。這樣一來，包玉剛因此得到了吞噬九龍倉的絕對優勢。

李嘉誠的九龍倉股票都是以10港元到30港元的市價購買的，全部以30多港元脫手轉讓給包玉剛，據估計，李嘉誠一進一出間，獲純利五千九百多萬港元。包玉剛與九龍倉進行空前慘烈的血戰，最後包玉剛勝出，入主九龍倉。但雙方都付出了沉重代價，故有人稱「船王負創取勝，置地含笑斷腕。」

在成為香港商戰經典的九龍倉大戰中，表面上看包玉剛在此役本身並沒有討到太大便宜。但是，吞併九龍倉的深遠意義在兩年後顯示了出來。因為他成功地通過收購九龍倉，成功地實現了減船登陸的戰略轉移，從而避免了兩年後的空前船災。從這一點說，取得九龍倉，簡直就是挽救了一代船王包氏家族，其意義實非文字所能涵蓋，也足見包玉剛的遠見卓識。

李嘉誠在這場九龍倉大戰中，一石三鳥，可謂最大的贏家。其一，李嘉誠低進高出九龍倉股票，淨賺數千萬港元；其二，與包玉剛建立了深厚的友誼和良好的合作關係。並借助包玉剛之手得到九千萬股和記黃埔股票，為下一步順利吞併英資和黃，成為「入主英資洋行第一人」奠定了堅實的基礎；其三，李嘉誠賣給滙豐一個人情，鞏固了與滙豐的關係，而滙豐則因為欠李嘉誠這筆情，在後來李嘉誠收購和黃時，幫助李嘉誠獲得了比九龍倉更大的利益。

入主和黃，是李嘉誠一生最輝煌的作品。無怪乎有一種說法：李嘉誠是九龍倉一役中最大的贏家，儘管他沒有得到九龍倉。

現在人們都知道李嘉誠被稱為「超人」，可卻很少有人知道他是因為成功地收購了和記黃埔而得此名的。和黃集團由兩大部分組成，一是和記洋行，二是黃埔船塢。和黃是當時香港第二大洋行，又是香港十大財閥所控制的最大上市公司。

和記洋行成立於一八六〇年，黃埔船塢則可追溯到一八四三年。一百多年的發展壯大，和記黃埔變成資產龐大的商業巨人。但是，和記黃埔在一九七三年受到股市大災和世界性石油危機以及連帶香港地產大滑坡的嚴重影響，加上和黃主人祈德尊家族經營不善，陷進了財政泥淖，接連兩個財政年度虧損近2億港元。

因此，一九七五年8月，滙豐銀行注資1.5億港元解救，條件是和記出讓33.65%的股權。於是，滙豐便成了和記集團的最大股東，黃埔公司也由此而脫離和記集團。和記成了一間非家族性集團公司。

一九七七年9月，和記再次與黃埔合併，改組為「和記黃埔（集團）有限公司。」當時，滙豐表示，在和黃經濟好轉後，會選擇適當機會，出讓其大部分股份。

其實，李嘉誠在爭奪九龍倉的同時，就在想著和記黃埔。他放棄九龍倉，必然要全力收購和黃。李嘉誠一直密切關注和黃的發展。與九龍倉一樣，他通過充分的研究，認定這是一家極具發展潛力只是目前經營不善的集團公司。

另外，李嘉誠洞悉到滙豐不會長期持有和黃股，因為滙豐銀行身為香港金融至尊，不會長期背上「銀行操縱企業」的黑鍋。也就是說，滙豐出售和黃股權勢在必然。事實上，李嘉誠知道滙豐一直在等待適當機會和合適人選出售和黃股權。

因此，在一九七八年的九龍倉大戰中，當滙豐大班沈弼出面規勸李嘉誠時，李嘉誠果斷地放棄九龍倉控制權的爭奪，藉以與滙豐增進友誼，為下一步收購和黃埋下伏筆。之後，李嘉誠頻頻與沈弼接觸，二人「交情日深。」李嘉誠又進一步知道滙豐急需擴大實力，增強儲備資金。就是說，滙豐有可能急於拋出和黃股。

而沈弼亦十分讚賞李嘉誠精明強幹、誠實從商的作風及其如日中天的業績，對李嘉誠情有獨鍾。他認定李嘉誠堪托大任，可以重振和黃。當時，對滙豐的和黃股垂涎者甚眾，但沈弼及滙豐根本沒有考慮讓別人角逐和競爭。

原來，滙豐出售和黃股權，不是單純地賣出股票套利，而是希望和黃得遇明主，重振昔日雄風。因此，滙豐銀行於一九七九年9月以每股7.1港元的價格，將其手中持有占22.4％的九千萬和黃普通股售予長江實業。

滙豐出售給李嘉誠的和黃普通股價格只有市價的一半，並且同意李嘉誠暫付20％的現金，對李嘉誠真是優惠之極。

接下來，李嘉誠集中火力乘勝追擊，繼續在股市上大量吸納和黃股票。經過一年的集中吸納，到一九八〇年11月，李嘉誠成功地擁有39.6％的和記黃埔股權，控股權已十分牢固。

一九八一年1月1日，李嘉誠被選為和記黃埔有限公司董事局主席，成為香港第一位入主英資洋行的華人大班（注：包玉剛入主的怡和系九龍倉不屬獨立洋行），和黃集團也正式成為長江集團旗下的子公司。

當時，長江實業實際資產是6.93億港元，而和記黃埔的市價總值是62億港元。李嘉誠以小搏大，以弱勝強，成功控制巨型集團和黃。匪夷所思，難以置信，然而這又是不爭的現實。因此，李嘉誠被冠以「超人」之譽。

〈全書終〉

國家圖書館出版品預行編目資料

李嘉誠的成功定律／林郁 主編
初版，新北市，新視野 New Vision，2020.08
面； 公分 --
ISBN 978-986-99105-0-7（平裝）
1.李嘉誠 2.學術思想 3.企業管理

494 109006560

李嘉誠的成功定律

林郁　主編

主　編　林郁
企　劃　林郁工作室
出　版　新視野 New Vision
責　編　千古春秋・林芸
電話 02-8666-5711
傳真 02-8666-5833
E-mail：service@xcsbook.com.tw

印前作業　東豪印刷事業有限公司
印刷作業　福霖印刷有限公司

總 經 銷　聯合發行股份有限公司
新北市新店區寶橋路 235 巷 6 弄 6 號 2F
電話 02-2917-8022
傳真 02-2915-6275

初版一刷　2020 年 08 月